프랑스
르퓌길
40일
도보여행

유네스코 세계문화유산 프랑스 르퓌길 도보 순례이야기

프랑스 르퓌길 40일 도보여행

글·사진 **박명희**

추 천 사

　　여행에는 여러 종류가 있다. 관광여행, 취재여행, 가족여행, 무전여행, 기차여행 등등. 이들 여행은 무엇 하러 가는가, 왜 가는가, 누구와 가는가, 얼마의 돈으로 가는가, 무엇으로써 가는가, 등의 성격을 각각 내포한다. 여행의 목적, 수단, 방법에 따라 여행의 성격이 달라질 수 있음을 말해주고 있는 것이다. 그 점에서 순례 여행을 빼놓을 수 없을 듯하다. 순례 여행은, 여행이라기보다는 예수님의 계율을 지키기 위한 행동에 가깝기 때문이다. 그래서 순례 여행은 무엇보다 종교적 자발성과 의무성을 요구한다. 또한 여행을 통해 자기 욕심을 채우려는 태도를 경계한다. 처음에 열거한 여행들에 비하면, 순례 여행은 무척이나 특별한 성격의 여행이자 숭고한 행동인 것이다. 저자는 이를 총 10개의 장으로 나눠 GR65 순례 경로를 친절하게 안내하는 한편, 그 여정에서의 느낌을 매우 사실적으로 풀어낸다. 성지 순례 여행을 위한 단순한 안내서보다 훨씬 깊은 감동을 준다. 그래서 저자는 왜 그리 먼 곳까지 가봐야 할까, 라는 질문을 강요하지 않는다. 그러나 책 곳곳에 펼쳐 놓은 저자의 섬세한 언어들, 이미지들을 따라가다 보면, 당신은 이미 그곳에 가 있다는 느낌을 받게 될 것이라 확신한다.

최원오(광주교육대학교 국어교육과 교수)

스페인 산티아고 순례 이후 육체적으로 고된 기억들은 시간의 흐름 보다 빨리 희미해졌고 정신적 풍요는 더 선명해졌다. 일생에 한 번뿐일 것이라고 생각했던 장거리 도보 순례는 시작에 불과했다. 순례는 내 의식 깊숙이 들어와 삶의 축이 되어버렸다. 나는 다시 배낭을 싸서 떠날 수밖 에 없었다. 두 번째는 GR65 길이다.

GR65는 스위스 제네바에서 프랑스 중남부 지역을 동서로 지나서, 스페인 론세스바예스Roncesvalles에 이르는 장거리 도보 순례 경로이다. 이 길은 먼저 다녀온 몇몇 사람들의 개인적 경험과 유럽의 사이트들, 외국어로 된 안내책에 의존해야 하므로 정보 수집에 어려움이 따르는 길이다.

순례가 정해진 일정으로 이루어지는 것이 아니기 때문에 정보와 가 이드북이 필수는 아니다. 그러나 GR65 길이 인프라가 잘 구축되어 있는 스페인 카미노와 환경이 다르다는 점을 인식해야 한다. 스페인 산티아고 가는 길은 숙식에 대해 별도의 예약 과정이 필요치 않다. 순례자도 많거니와 순례자를 위한 여러 환경들이 활성화되어 있다. 무조건 떠나도 얼마간의 시간이 지나면 비교적 큰 어려움 없이 적응이 된다. 반면에 GR65길은 숙박과 식사에 대한 예약이 필요하다. 만약 프랑스어가 능통하다면 상황이 다를지도 모르지만, 보통은 예약 없이 방문할 경우 식사뿐 아니라 잠을 자기 어려울 수 있다.

주민들은 순수하고 친절하다. 다만 그들의 문화가 우리와 달라서 생기는 어려움들이다. 나는 앞으로 이 길을 걷게 될 사람들에게 작은 도움이라도 되고 싶은 마음이 크다. 그럼에도 불구하고 가이드북이 아닌 에세이인 것은, 정보만 주는 안내책이 되기에는 나의 지적 수준과 내 경험의 한계치가 너무 좁다. 더구나 나의 순례는 책을 쓰기 위한 여행이 아니었다.

대부분의 사람들은 여행과 트레킹은 구분 짓지만 트레킹과 도보 순례가 어떻게 다른지 잘 모른다. 여행과 트레킹으로 느낄 수 없는 장거리 도보 순례의 깊은 매력을, 그것이 주는 긍정의 기운을 이 책을 통해 조금이나마 체험하게 되었으면 한다. 이 책이 순례를 떠나고자 하는 사람들에게 가이드북 이전에 용기로 안내하는 책이 되기를 소망한다.

　　이 책은 10개의 장으로 나누어져 있다. 각 장의 시작은 『성경』과 칼릴 지브란의 『예언자』에서 짧은 구절을 인용했다. 지도와 도표의 내용은 위키피디아 영어판을 그대로 활용했음을 밝힌다.

CONTENTS

모험

1~2일 차

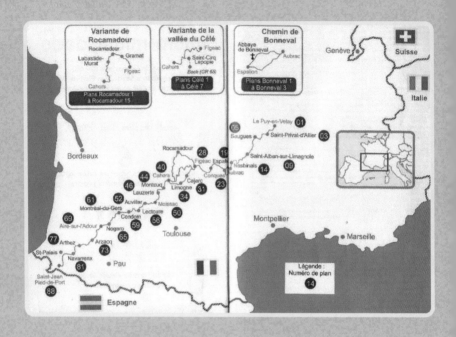

사람이란 그 세월 풀과 같아 들의 꽃처럼 피어나지만 바람이 그를 스치듯 이내 사라져 그 있던 자리조차 알아내지 못한다.

GR65 소개

GR은 큰, 원대한 길의 뜻을 지닌 말로 각 나라별로 Grande Randonnée (프랑스어), Gran Recorrido (스페인어), Grande Rota (포르투갈어), Grote Routepaden (네덜란드어)의 앞 글자를 딴 유럽의 순례길 명칭이다. 이 길의 네트워크는 프랑스 하이킹 연맹FFRP과 스페인 마운틴 스포츠 연맹FEDME에 의해 관리된다.

GR65 경로는 스위스 제네바에서 시작되어 프랑스 중남부를 지나 스페인 론세스바예스Roncesvalles까지의 길이다. 이 경로는 두 부분으로 나눌 수 있다.

첫 번째 경로는, 스위스 제네바에서 프랑스 르 퓌 앙 블레Le Puy en Velay까지 350km다. 두 번째 경로는, 르 퓌 앙 블레에서 스페인 론세스바예스까지 750km다. 이 두 부분의 경로는 가이드북이 별도로 나와 있다. 순례자들은 편의상 나뉜 이 두 길 중의 한 경로인 르 퓌에서 시작하는 GR65 길을 선호하는 경향이 있다.

두 번째 길의 주요 경로는 르 퓌 앙 블레Le Puy-en-Velay · 나즈비날 Nasbinals · 생 콤 돌트Saint-Côme-d'Olt · 콩크Conques · 피작 Figeac · (로카마두르Rocamadour) · 카오르Cahors · 무아사크Moissac · 오빌라Auvillar · 생장Saint Jean Pied de Port을 거쳐 스페인 론세스바예스

Roncesvalles에 이른다.

GR65 경로의 프랑스 명칭은 생자크 길Chemin de Saint-Jacques, 라틴어로는 비아 포디엔시스Via Podiensis이다. 스페인 산티아고 가는 길의 이름인 카미노 데 산티아고Camino de Santiago와 같은 뜻이다. 사람들은 흔히 이 길을 르퓌길로 부르고 나 또한 그렇게 부를 것이다. 이 책이 바로 GR65 두 번째 경로인 르퓌길에 대한 이야기이다.

흰색과 빨간색 선으로 된 GR65 이정표/직진 표시

우회전 표시

좌회전 표시

길 없음 표시

* 흰색과 빨간색 선으로 된 이정표 외에 노란색, 파란색 이정표도 있다. 이것은 산책길이나 다른 길을 나타내는 이정표이므로 주의해야 한다. 중복되는 길도 있다.

지도에 노란색 별표로 표시된 지역이 스위스 제네바이다. 노란색 별표에서 노란 선이 끝나는 지점인 르 퓌 앙 블레까지가 350km이다. GR65의 편의상 나눈 첫 번째 경로에 해당된다. 르 퓌 앙 블레부터 빨간색 선이 끝나는 지점인 론세스바예스까지가 두 번째 경로에 해당하는 750km로 이번 순례길이다. 초록색 별표가 표시된 곳부터 스페인 산티아고로 가는 800km 길이다. 나의 첫 번째 순례 경로다. GR65는 지리적으로는 스페인 산티아고의 동쪽 연장선에 위치하며 스위스, 프랑스, 스페인 3개국을 지난다.

산티아고로 가는 프랑스의 네 갈래 길

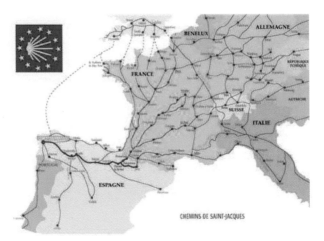

CHEMINS DE SAINT-JACQUES

빨간 선은 스페인 산티아고 가는 길/파란색 선들은 프랑스의 네 갈래 길들

도표로 보는 GR 경로

이름	경로
GR1	Chantilly · Coulommiers · Provins · Fontainebleau · Chevreuse · Mantes-la-Jolie
GR2	Le Havre · Paris · Dijon
GR3	La Baule · Guérande · Brière · Nantes · Saumur · Orléans · Nevers · Mount Mézenc
GR4	Royan · Limoges · Puy de Dôme · Saint-Flour · Pont-Saint-Esprit · Grasse
GR5	Bergen op Zoom · Hasselt · Metz · Belfort · Chamonix · Nice
GR6	Saint-Véran · Tarascon · Forcalquier · Conques · Langon
GR7	Ballon d'Alsace · Dijon · Saint-Étienne · Lodève · Andorre-la-Vieille
GR9	Saint-Amour · Léoncel · Saint-Tropez
GR10	Hendaye · Arette-la-Pierre-Saint-Martin · Bagnères-de-Luchon · Mérens-les-Vals · Banyuls-sur-Mer · Port-Vendres
GR11	Grand Tour of Paris
GR12	Amsterdam · Bergen op Zoom · Brussels · Paris

이름	경로
GR13	Fontainebleau · Bourbon-Lancy
GR14	Paris · Malmédy · Ardenne
GR20	Calenzana · Conca
GR21	Dieppe · Le Havre · Étretat · Fécamp · Saint-Valery-en-Caux · Veules-les-Roses · Tréport
GR22	La Perrière · Carrouges · Bagnoles-de-l'Orne · Mortain · Avranches · Mont Saint-Michel
GR23	
GR26	Paris · Villers-sur-Mer
GR30	Chaîne des Puys · Plomb du Cantal
GR34	Vitré · Mont Saint-Michel · Saint-Brieuc · Morlaix · Brest · Crozon · Douarnenez · Pointe du Raz · Lorient · Quimperlé
GR34A	Louannec · Gurunhuel
GR35	Verneuil-sur-Avre · Seiches-sur-le-Loir
GR36	Ouistreham · Caen · Saumur · Angoulême · Albi · Carcassonne · Bourg-Madame
GR37	Vitré · Douarnenez
GR38	Redon · Douarnenez
GR39	Mont Saint-Michel · Guérande
GR41	Tours · Farges-Allichamps · Mont-Dore
GR42	Saint-Étienne · Avignon
GR43	Col des Faïsses · Sainte-Eulalie
GR44	Les Vans · Champerboux
GR46	Tours · Cahuzac-sur-Vère
GR48	
GR51	Mediterranean

이름	경로
GR52	Menton · le col du Berceau · le col de Trétore · Sospel · Baisse de Linière · Pointe des Trois Communes · Baisse Cavaline · le refuge des Merveilles[disambiguation needed] · Baisse du Basto · La Balme · Madone de Fenestre · le torrent du Boréon · le col de Salèse · le col du Bam · Saint-Dalmas-Valdeblore Near Nice - Breil-sur-Roya to Gorges de Saorge and Vallon de Zouayne.
GR52A	Mercantour
GR53	Massif des Vosges
GR54	Tour of Oisans and the Écrins
GR55	Vanoise
GR56	Ubaye
GR57	Liège · Diekirch
GR58	Queyras
GR59	Massif des Vosges · Jura · Bugey · Revermont
GR60	Montpellier · Saint-Chély-d'Aubrac
GR65	Genève · Le Puy-en-Velay · Nasbinals · Conques · Figeac · Moissac · Aire-sur-l'Adour · Roncevaux
GR66	Mont Aigoual
GR68	Mont Lozère
GR70	Le Puy-en-Velay · Lozère · Ardèche · Saint-Jean-du-Gard
GR71	Espérou · Mazamet
GR71 C/D	Larzac
GR71E	
GR72	Col du Bez · Barre-des-Cévennes
GR223	Berville-sur-Mer to Mont Saint-Michel via Côte de Grace, Côte Fleurie, Côte de Nacre, Côte de la déroute, Côte des havres, Baie du mont Saint-Michel
GR145	The Via Francigena: (Canterbury) - Wissant - Arras - Laon - Châlons-en-Champagne - Besançon - Geneva - (Rome)
GR380	Monts d'Arrée (Finistère)

유럽에는 GR보다 더 긴 장거리 도보 코스들이 있다. E1에서 E12로 불리는 길이다. 그중에서 E3은 터키에서 시작해서 프랑스를 거쳐 포르투갈까지 이어지는 6,950km. GR65가 E3의 일부에 포함된다.

장거리 도보 코스인 E길은 현재에도 계속 진행 중이다. E12가 최근에 추가된 길이다. 이 길들은 ERA에 의해서 조정되고 그 각각의 구역에 대한 책임은 그 길이 통과하는 각 나라의 국가기관에 있다고 한다. 참고로 유럽의 장거리 도보 경로는 다음과 같다.

도표로 보는 E 경로

E1	7,000km	Norway · Sweden · Denmark · Germany · Switzerland · Italy
E2	4,850km	Ireland · United Kingdom · Netherlands · Belgium · Luxembourg · France
E3	6,950km	Portugal · Spain · France · Belgium · Luxembourg · Germany · Czech Republic · Poland · Slovakia · Hungary · Romania · Bulgaria · Turkey
E4	11,800km	Portugal · Spain · France · Switzerland · Germany · Austria · Hungary · Romania · Bulgaria · Greece · Cyprus
E5	2,900km	France · Switzerland · Germany · Austria · Italy
E6	6,300km	Finland · Sweden · Denmark · Germany · Austria · Slovenia · Greece · Turkey
E7	4,330km	Portugal · Spain · Andorra · France · Italy · Slovenia · Hungary
E8	4,390km	Ireland · United Kingdom · Netherlands · Germany · Austria · Slovakia · Poland · Ukraine·Romania · Bulgaria · Turkey
E9	5,200km	Portugal · Spain · France · United Kingdom · Belgium · Netherlands · Germany · Poland · Kaliningrad Oblast · Lithuania · Latvia · Estonia
E10	2,880km	Finland · Germany · Czech Republic · Austria · Italy · France · Spain
E11	2,070km	Netherlands · Germany · Poland
E12	1,600km	Spain · France · Italy

준비물

준비물은 지극히 개인적인 일에 해당되므로 언급하기 어려운 점이 있다. 그러나 처음 길을 떠나는 사람들을 위한 것이니만큼 참고로 활용했으면 한다. 일반적인 해외여행의 준비물은 개인에 따라 다르다. 그러나 순례자의 준비물은 개인별 특성에 크게 좌우되지 않는다. 가장 기본이 되는 것 이상을 필요로 하지 않기 때문이다. 결국 그 기본의 기준은 중요도와 편리성이다. 중요도라 함은 사고로부터 몸을 보호하여 궁극적으로 순례를 무사히 마칠 수 있게 도와주는 것. 편리성은 순례자가 장비와 물품에 대한 사용 스트레스를 줄여 걷는 것 이외에 에너지를 분산시키지 않도록 하는 것이다. 준비물이 충족되지 않았다고 해서 순례를 할 수 없는 것은 아니다.

☑ 가이드북

가이드북은 많다. 그중에서 보편적으로 이용하는 책은 미암미암MIAM MIAM과 미쉐린 가이드북이다.

① 미암미암 가이드북 – 대형서점이나 해외 직구를 통해 구입한다. 미암미암은 주로 숙소를 예약하는 데 쓰인다. 미리 체크해두면 도움이 된다. 무게가 부담스러우면 스캔하거나 사진을 찍어 폰에 저장한다.

② 미쉐린 가이드북 – 무게가 가볍고 한눈에 경로를 볼 수 있다. 일부 숙소도 나와 있다. 이 책은 미리 구입할 필요는 없고 현지에서 구입하면 된다. 르퓌 대성당이나 제네바와 프랑스의 큰 도시 서점에서 구입이 가능하다.

☑ 배낭

매장에 가서 용도, 체형과 연령, 성별, 나아가 짐의 무게까지 고려하여 전문가의 추천을 받기를 권한다. 순례자의 배낭은 어깨로 메는 것이 아니라 허리의 힘으로 받친다.

☑ 신발

결론부터 말하면 고어텍스 기능이 있는 중등산화(혹은 등산화)를 추천한다. 중등산화의 바닥 면은 일반등산화보다 충격 흡수력이 좋다. 순례길은 아스팔트길, 자갈길, 흙길, 산길, 바윗길, 때로는 빗길을 걷는다. 충격 흡수성이 좋은 신발은 발바닥뿐만 아니라 무릎과 허리도 보호한다. 고어텍스 기능은 습기를 차단한다. 신발이 젖으면 발톱이 빠지는 등 심각한 지경에 이를 수 있다. 중등산화가 불편하다는 사람이 있는데 익숙해지면 그 불편은 곧 사라진다.

☑ 양말

좋은 등산화를 신어도 양말이 좋지 않으면 물집이 잘 잡힌다. 피부에 양말이 쓸려 화기를 일으킨다. 반대로 좋은 양말은 신발의 단점을 어느 정도 보완한다. 조임이 강한 스판덱스 양말도 너무 헐렁한 양말도 좋지 않다. 재질은 땀 흡수가 좋은 속건성 소재가 좋다.

☑ 침낭

선택 기준은 단순하다. 가볍고 따뜻한 것. 일반적으로 따뜻한 정도는 솜털<오리털<거위털. 필파워fill power는 낮은 것<높은 것 순이다. 필파워가 높

다는 것은 압축을 풀었을 때 부풀어 오르는 복원력이다. 이것이 높은 것은 다운 내 공기를 많이 품고 있어서 같은 양이라도 필파워가 높은 것이 따뜻하다. 무게는 500g 전후가 적당하나 그 이상이라도 본인의 체력만 된다면 문제는 되지 않는다. 그래도 1kg을 넘지 않는 것이 좋다.

☑ 침낭 라이너

침낭 라이너는 대체로 저렴한 가격으로 보온성을 높인다. 또한 어떤 침낭이든지 세탁을 하면 원래의 기능이 떨어지는 것만 감안해도 그 가치가 있다.

☑ 비옷

비옷은 판초형이어야 한다. 더 욕심을 낸다면 안감이 습기가 차지 않는 재질이면 더할 나위 없다.

☑ 무릎 보호대

무릎 보호대가 '정말 무릎을 보호할까?' 하는 문제는 어렵다. 다만 내 경험에 비춰서 이야기한다면 '그렇다' 이다. 그러나 제품의 종류와 질에 따라 도움이 될 수도 그렇지 않을 수도 있으니 선택을 잘 해야 한다.

☑ 일상복 겸용 샤워가운

샤워가운이 필요한 이유는 샤워가 끝나고 물기가 마르지 않은 상태에서 바로 옷을 입기가 어렵다. 여성일 경우는 쉽게 입고 벗을 수 있는 가벼운 원피스가 좋다. 여성의 원피스는 잠옷, 가벼운 외출복으로도 가능하다. 남성의 경우는 가벼운 평상복이면 된다.

☑ 다용도 칼(와인 오프너 달린)

르퓌길에서는 다용도 칼을 사용할 일이 많다. 치즈를 잘라 먹을 때, 간편한 요리를 할 때 등. 한국에서 챙기지 못했다면 현지에서 사면 된다. 주의할 점은, 칼은 아무리 작아도 기내에 가지고 탈 수 없다.

☑ 로밍이나 유심

르퓌길은 숙소 예약이 필수다. 예약을 하지 않아도 잘 곳은 있겠지만 그 일로 인해 날마다 고초를 겪을 수 있다. 숙소 예약은 그 날 묵은 지트Gite 주인에게 다음 날 숙소 예약을 부탁하면 된다. 지트 주인은 흔쾌히 그 부탁을 들어줄 것이다. 가능하다면 기초적인 프랑스어를 준비해서 직접 예약을 한다.

요즘은 전화번호가 바뀌는 유심을 고집할 필요가 없다. 저렴한 로밍상품이 많이 출시되어 있다. 일부 통신사는 전화가 무제한인 상품도 있다.

☑ 유로 환전

경비는 개인차가 크다. 평균적인 비용은 하루 5만 원 안팎이면 무난하다. 경비를 아낄 수 있는 방법은 많다. 아침과 저녁, 1인용 침대를 포함한 드미팡시옹demi-pension 경우 1인당 35유로 전후다. 경비를 아끼려면 드미팡시옹으로 하지 말고 식료품을 사서 직접 해 먹으면 된다. 주방 사용은 숙소마다 다르므로 예약 전 미리 확인한다. 순례자들이 주로 먹는 빵, 치즈, 고깃값이 우리나라보다 싸다.

☑ 교통 앱

순례 중에는 필요치 않다. 주변 성지나 다른 곳을 여행하기 위해서 교통편과 비용을 확인할 때 필요하다. 프랑스 내에서 다른 곳을 여행할 때 미리 열차를 예약할 필요는 없다. 역으로 가서 최종 목적지를 말하면 가능한 경우 환승 표까지 준다. 마을과 마을을 다니는 열차는 TER이 좋다. 교통비가 저렴하고 원하는 좌석에 앉아 쾌적한 여행을 할 수 있다. 시니어 할인 제도가 있다.

☑ 오프라인 지도

지역에 따라 데이터가 열리지 않는다. 오프라인 상태로 지도를 다운로드 받아두면 급할 때 사용이 가능하다.

☑ 프랑스어 회화와 예약 멘트

순례에 필요한 회화와 중요 단어는 미리 적어서 준비한다.

☑ 직불카드

직불카드는 현금을 인출해야 하는 어려움 없이 필요시 바로 사용할 수 있어서 편리할뿐더러 신용카드보다 수수료가 적다.

☑ 프랑스 교통 예약

순례자들이 어려워하는 것 중 하나가 프랑스 열차 예약이다. 만약 열차 예약이 어렵다면 항공권과 마찬가지로 여행사를 통해 소정의 수수료를 주고 미리 예약하면 된다. 그러나 요즘은 전 세계의 교통을 바로 예약할 수 있는 한국어 가능한 어플이 있다. 열차, 버스, 승합차, 비행기까지도 예약이 가능하다. 어플을 이용할 경우 만석이 되어 좌석이 나타나지 않는다 해도 직접 가면 좌석이 있다. 온라인 판매가 100% 좌석을 나타내는 것은 아니다.

☑ 배낭 무게

몸무게의 10% 정도면 적당하다. 최대 무게의 기준을 정하고 배낭을 싸면 몇백 그램의 무게라도 줄일 수 있다. 모든 물품은 기능성과 무게를 고려해야 한다. 배낭을 가볍게 싸는 것! 그것이 무사히 순례를 마칠 수 있는 중요한 요소다.

준비물 목록

▶ 여권	▶ 칫솔
▶ 여행자 보험	▶ 샤워타올
▶ 유심이나 로밍	▶ 스포츠 수건
▶ 유로 환전	▶ 손수건
▶ 가이드북	▶ 기초화장품
▶ 핸드폰과 충전기, 이어폰	▶ 선크림
▶ 배낭	▶ 멘소래담
▶ 힙 색이나 크로스백	▶ 밴드
▶ 등산화	▶ 종합감기약
▶ 등산양말	▶ 지사제
▶ 침낭	▶ 해열제
▶ 스틱	▶ 상처 연고
▶ 무릎 보호대	▶ 입술 보호 크림
▶ 판초우의	▶ 일회용 귀마개
▶ 재킷	▶ 안대
▶ 경량다운	▶ 필기구
▶ 바지	▶ 번역 앱
▶ 셔츠	▶ 교통 앱
▶ 일상복 겸용 샤워가운	▶ 오프라인 지도
▶ 샌들 혹은 슬리퍼	▶ 회화와 예약 멘트
▶ 속옷 상하	▶ 직불카드
▶ 모자	▶ 손톱깎이
▶ 선글라스	▶ 대형 옷핀(빨래 고정 용도)
▶ 올인원 비누	▶ 치약

1일 차

한국에서 스위스 제네바
9월 22일

    낯선 길을 걷기 위해 떠나는 일은 큰 용기가 필요하다. 그 두려움에 내일 떠나지 않을 무슨 일인가 일어나 주기를 바라는 마음이 생기는 것은 당연하다. 떠날 날이 남아 있을 때는 부디 아무 일이 없기를 그래서 무사히 떠날 수 있기를 기도하는 마음과는 상반된다.

    두 번째라 조금은 쉬울 줄 알았다. 더 어려웠다. 올봄 아들의 교통사고만 없었다면 불안한 마음이 덜했을까? 노환의 어머니를 향한 죄스러운 마음이 없었다면 더 쉬웠을까? 직장을 퇴직하고 새로운 일을 시작한 남편이 마음 쓰이지 않았다면 성큼 나설 수 있었을까? 첫 순례를 끝내고 책을 출간했을 때 존경하던 은사님께서 말씀하셨다.

    "이제부터는 가족들 일은 가족들에게 맡기고 하고 싶은 일을 해요."

    대부분의 사람들이 평범한 중년 주부의 대담한 여행을 반쯤은 탐탁지 않게 여겼지만, 선생님께서는 나이 든 제자의 꿈을 응원해주셨다. 선생님의 마음이란 제자의 나이와는 상관이 없는 법이었다. 그런데 오늘은 그 말씀마저도 마음을 붙잡지 못했다. 방법은 하나밖에 없었다. 단 한 분이신 그분께 드리는 기도다.

'당신의 뜻이 지키는 것에 있다면 모든 것이 무사할 것입니다. 제 가족에게 자비를 베푸소서!'

가족들은 첫 순례 이후로 항상 말했다. 두려움을 이기고 하고 싶은 일을 하는 모습이 자랑스럽다. 언제라도 가고 싶은 곳이 있으면 걱정하지 말고 떠나라. 그동안 자기들도 자유를 만끽하겠다. 그럼에도 나는 집을 비우는 일 앞에는 하염없이 쪼잔해질 수밖에 없었다. 엄마와 아내로서의 무게다. 이런 불편한 맘도 없이 떠나려는 것은 집을 비우는 것보다 더 큰 이기심이다. 걱정스러운 마음을 안고 떠나는 것도 내 몫이다. 만약 내 행위가 나 자신뿐만 아니라 다른 누군가에게 완전한 이해를 구해야 한다면 영영 길을 나설 수 없을 것이다.

경비와 경유 시간을 아끼기 위해 선택한 러시아항공은 모스크바에서 환승을 해야 했다. 환승 시간은 1시간 50분. 비행기가 연착을 했다. 러시아 아에로 플로트항공의 잦은 연착은 일찍이 알고 있었으나 환승 시간 30분은 너무 짧았다. 입·출국 터미널이 달라서 걱정이었다. 그래도 무사히 환승을 했다. 주변에 눈길 한 번 못 주고 환승을 하면서, 온몸의 세포가 긍정의 에너지로 일어나고 있다는 것을 깨달았다.

세계지도를 보며 길을 정하고, 새로운 언어를 공부하고, 낯선 길에 대한 염려와 불안으로 밤잠을 설치고, 돌아와서는 글을 쓰고 싶은 이런 긴장감은, 내 인생을 앞으로 나아가게 만들었다. 감정 낭비와 고조된 불안감에 휘둘려 잠들어 있던 꿈이 세상을 향해 문을 두드렸다. 아내도 엄마도 아닌 인간으로서의 나, 오롯이 나 자신이었다. 물론 이 짧은 시간에도 부정적인 생각도 든다.

역에서 제네바 호스텔 가는 길

제네바 코르나방 역 아침 풍경

나는 왜 낯선 언어 속을 스스로 걸어 들어와서 불안한 걸음을 걸으려 하는가. 이제 혼자 떠나는 여행은 끝내야지.

16시간 만에 스위스 제네바 공항에 도착했다. 배낭을 찾고 그 주변에서 무료교통티켓 기기를 눌러 표를 뽑았다. (제네바 공항에서는 국제선 입국자들에게 제한된 시간 안에 무료로 이용할 수 있는 시내교통티켓을 발권하는 기계가 짐 찾는 곳 옆에 있다.) 공항 지하에 연결되어 있는 기차역으로 향했다. 공항을 출발한 기차는 제네바 코르나방Cornavin 역까지 7분 만에 도착했다. 미리 예약한 숙소인 제네바 호스텔을 찾아가는 일은 어려운 일은 아니었으나 불안한 마음이 없는 것은 아니었다. 시간은 밤 11시를 지나고 있었다. 나는 이곳이 봄 이후로 두 번째 방문이었다.

2일 차

제네바

9월 23일

제네바 호스텔의 숙박비에는 아침이 포함되어 있다. 따뜻한 커피와 우유, 빵과 치즈, 과일이면 하루를 시작하는 음식으로 충분했다. 호스텔 아침 식사 중에 내가 일부러 챙겨 먹는 것은 요구르트였다. 장 기능이 예민한 나는 집만 떠나면 변비에 걸리기 때문이다.

봄에 왔을 때는 조용하게 아침을 즐길 수 있었는데 이번엔 단체로 숙박한 스위스 중·고등학생들과 식사 시간이 겹쳤다. 아이들의 식사 예절이 좋음에도 나는 지난번의 여유를 느끼기는 어려웠다. 서둘러 아침을 끝냈다. 봄 방문 때 로잔에서 제네바에 늦게 도착해서 주변을 둘러보지 못했다. 오늘은 여유를 갖고 걸어야겠다고 생각하며 오늘 일정을 살폈다.

-23일 제네바 일정

GR65의 출발점이 되는 생 피에르 성당 방문
18세기 프랑스의 사상가이며 소설가인 장 자크 루소 기념관
인 생가 방문
점심은 마노르manor 백화점 뷔페(10스위스 프랑)
레만호 주변 산책
노, 원, 라라를 역으로 마중 나감. 그전에 내일 르 퓌로
출발할 기차 플랫폼 확인
저녁은 일행과 함께

GR65 출발지인 제네바 생 피에르 성당의 첨탑

PART

02

별

3~6일 차

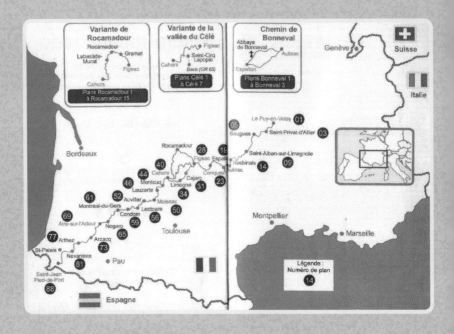

네 마음을 슬픔에 넘기지 마라. 슬픔을 멀리하고 마지막 때를 생각하여라.
너는 죽은 이를 돕지 못하고 너 자신만 상하게 할 뿐이다.

노와 원, 라라에 대해 아는 것이 있다면 그들의 전직과 순례 경험 정도였다. 그들과는 이번 순례를 앞두고 명동성당 건물 지하에 있는 카페에서 한 번 만났다. 라라는 같은 성당 교우로 이후에 두어 번 더 본 적이 있지만 거기까지였다.

그날 그들과 헤어진 후, 그 건물 내 장기기증센터를 찾아갔다. 늘 내일 일을 알 수 없다 말하면서 늦은 서명이었다. 감사에 대한 작은 기도였다. 그리고 센터 앞 서점에서 칼릴 지브란의 『예언자』를 만났었다. 내가 그날 만난 예언자는 내 과거를 통해 현재를 보고, 지금 내게 주어진 현재를 어떻게 보내는가에 따라 미래를 짐작게 하는 지혜를 엿보게 했다. 순례는 그렇게 시작되었다.

노와 원, 라라는 스위스 여행을 위해 일주일 전에 이곳에 왔다. 우리는 함께 걷기 위해 어제 제네바 호스텔에서 합류하여 하룻밤을 보냈다. 우리가 함께 이 길을 걷고자 하는 이유는 단순했다. 순례자가 적은 이 길에서 서로의 안전 때문이었다.

　친구들 사이에는 소통을 위한 공통 화두가 필요하다. 순례자들은 그 공통의 화두를 비슷한 경험을 하는 과정을 통해 얻는다. 대체로 같은 길을 걷고, 유사한 음식을 먹고, 그만그만한 숙소에서 자고, 비슷한 육체적 어려움을 견디고, 아름다운 자연에 감동받는 것들이다. 낯선 길 위에서 말과 뜻이 통하는 일행들과 함께하는 일은 든든함 그 차체였다. 그들 역시도 스페인 산티아고 데 콤포스텔라 순례자였었다. 무슨 말이 더 필요하겠는가.

　제네바를 출발한 기차는 생텍쥐페리의 고향 리옹에서 환승하여 약 다섯 시간 만에 르 퓌 앙 블레의 작은 역에 도착했다. 르 퓌 역은 설렘과 기대, 긴장감을 짊어진 순례자들을 푸근하게 맞았다.

르 퓌 앙 블레 중심지를 바라보는 순례자

길을 떠나오기 전 첫 출발지인 르 퓌 앙 블레의 위치를 확인하기 위해 수 없이 온라인 지도를 열어 보곤 했다. 위치 확인은 쉬웠지만 프랑스의 행정구 역에 대해 무지하여 주소가 뜻하는 바를 이해하기 어려웠다.

르 퓌 앙 블레는 프랑스 오베르뉴(레지옹Région) 오트루아르(데파르트 망Département) 수도(주도)다.

프랑스의 행정구역은 주 개념의 레지옹, 도 개념의 데파르트망, 시 · 구 개 념의 코뮌으로 나뉜다. 2016년 1월 기준으로 주 개념의 레지옹Région이 프 랑스 본토에 13개 해외에 5개 있다. 데파르트망은 인구, 크기를 비슷한 수준 으로 나누고 해당 지역의 강, 산, 혹은 지리적 특성에 따른 이름을 지었다. 수도 는 통상적으로 데파르트망 중에 가장 큰 도시가 수도 역할을 한다. 데파르트 망의 수는 101개다. 데파르트망은 329개 아롱디스망Arrondissements으로 아롱디스망은 3,879개의 캉통으로, 캉통은 다시 36,767개의 코뮌으로 나뉜 다. 프랑스 파리는 일드 프랑스라 부르는 데파르트망의 중심 도시이며 프랑스 의 수도다. 르 퓌 앙 블레가 프랑스의 수도가 아니라, 오트루아르라는 데파르 트망의 수도인 것이다.

프랑스 중남부에 위치한 르 퓌 앙 블레는 화산활동이 낳은 특이한 지형이 다. 데파르트망이 산, 강, 지리적 특성에 따라 이름을 짓는다고 한 것과 같은 맥 락으로 르 퓌Le Puy는 언덕, 산, 화산을 뜻한다.

이곳에 들어서면 우뚝 솟아 있는 코르네유 바위산 위 대형 성모자상이 먼 저 눈에 들어온다. 성모자상 아래는 순례 시작의 시발점이 되는 유서 깊은 노 트르담 성당이 있다. 성모자상 안 가파른 계단을 따라 오르면 마주 보이는 곳 바위 꼭대기에 있는 생 미셸 성당의 경이로운 모습을 발견하게 된다.

노트르담 성당, 르퓌길 첫 출발지

르 퓌의 출발지인 유서 깊은 노트르담 대성당은 유럽에서 가장 오래된 순례 성지 중 하나다. 이 성당은 기독교가 시작되기 전 언덕 꼭대기에 있었던 거대한 바위로부터 시작된다.

전승에 의하면 기원전 3, 4세기 사이에 불치병을 앓고 있었던 한 지역 여성이 있었다. 여성은 환시 속에서 성모마리아로부터 코르네유 산에 올라 돌 위에 앉으라는 계시를 받고 그대로 행하여 치유를 받는 기적을 경험하였다. 성모마리아가 여성에게 두 번째 나타났을 때는, 지역 주교에게 가서 언덕 위에 교회를 세우라고 말했다고 한다. 이러한 기적에 힘입어 AD 430년까지 성당 건축이 완공되었다. 8세기에 이르러 기적의 돌은 해체되었고 그 조각들은 '천사의 방'으로 불리는 바닥에 통합되었다. 초기 건축물들은 대부분 사라졌다.

르 퓌 대성당이 산티아고의 중요한 출발점이 되는 이유는, 최초의 외국인 순례자인 르 퓌의 주교 고데스칼크의 교구 성당이었으며 최초의 성당이라고 밝히고 있기 때문이다.

프랑스 성모상은 그 크기와 색상으로 마을로 들어서는 순례자들의 눈을 한눈에 끌어당긴다. 높이 16m의 성모상은 프랑스 조각가 장 마리 보나시유

프랑스의 성모

Jean-Marie Bonnassieux에 의해 디자인되었다. 이 성모상은 크림전쟁에서 포획한 213문의 대포를 녹여 만들었으며 색상은 붉은색에 가깝다. 1860년 9월 12일에 12만 명의 마을 주민들에게 소개되었다.

르 퓌에서 가장 눈길을 끄는 건축물은 생 미셸 성당이다. 고데스칼크 주교가 951년 산티아고 순례를 마치고 돌아온 것을 기념하기 위해 지었으며 969년에 완공되었다. 높이 85m의 화산석 위에 오랜 역사를 고스란히 껴안고 있는 모습이다.

생 미셸 성당

Le Puy en Velay르 퓌 앙 블레
– Saint-Privat-d'Allier생 프리바 달리에

9월 25일

숙소는 성당 바로 옆에 있는 종교적 건물grand séminaire이었다. 이 숙소는 여러 사람이 함께 묵을 경우 할인을 해주었다. 나는 이상하게도 특별할 것도 없는 이 숙소에 집착했다. 다른 곳은 인터넷에서 바로 예약을 할 수도 있었는데 메일까지 주고받으며 이 숙소를 고집했다. 산티아고 데 콤포스텔라 가는 길의 종교적 숙소와 닮았기 때문이었던가 하고 자문해봤지만 아니었다. 내가 수도원 형태의 단순하고 오래된 것을 좋아하기 때문이었다. 봄에도 이곳에 예약했다가 순례를 취소하는 바람에 번복하고, 가을에 다시 예약했을 정도니 집착이라고 해도 틀린 말은 아니다.

다음 날 일찍 일어나 숙소에서 준비해준 간단한 아침을 먹고 7시 순례자 미사에 참여하기 위해 성당으로 갔다. 성당 안에는 이미 사람들이 와 있었다. 르 퓌의 노트르담 성당은 순례자들을 위해 매일 7시에 그들을 위한 미사를 봉헌한다.

르 퓌 순례길에서 첫 미사를 드렸다. 미사가 끝나고 순례자들은 성 야고 보상 앞으로 가 있는 사제를 따라 그 주위로 모였다. 나도 그곳으로 갔다. 사제 는 여러 나라에서 온 순례자들을 하느님의 자비로 안전한 길을 격려하고 순례 자들의 국적을 일일이 소개했다. 길 위에서 가져야 할 마음가짐도 일렀다. 그 런 다음 세계 각국에서 온 순례자들에게 자국어로 순례의 안전을 기원하는 인 사를 권했다.

"좋은 길 되세요!, 부엔 카미노Buen camino!, 본 보야지Bon voyage!"

노트르담 성당에서는 순례자들 모두에게 5단짜리 흰색 플라스틱 묵주를 선물로 주었다. 나도 받았다. 그때 어떤 여인이 내 손을 잡더니 1단짜리 묵주 를 쥐어주며 '부엔 카미노!' 라고 했다. 그것은 루르드란 글자가 새겨진 작은 나무 묵주였다. 사람들이 갑자기 박수를 치며 우리 쪽으로 향했다. 무슨 일인 가 했다. 아직은 한국 사람들이 드문 르퓌길에 우리나라에서 온 촬영 팀과 우

순례자 미사를 보기 위해 모인 순례자들

사제를 중심으로 성 야고보상 앞에 모인 순례자들

한국 촬영 팀 너머 보이는 순례 시작 지점

리에게 보내는 박수였다. 한국 촬영 팀이 와서 촬영하는 것을 몰랐다. 촬영 팀은 우리에게 인터뷰 요청을 했다. 그러나 여러 외국인들을 인터뷰하느라 시간이 지체되었다. 더는 기다릴 수가 없었다. 양해를 구하고 두 번째 순례 프랑스 생자크길 750km를 향해 출발했다. 시간은 9시였다.

기대와 설렘이 두려움에 가려 아름다움이 보이지 않는 첫날이었다. 긴장 감에 다리 힘이 빠진 것을 느꼈다. 혼자가 아니라는 든든함도 있었지만 이들과의 동행에 대한 염려도 있었다. 다행스러운 것은 스페인 피레네처럼 끝없는 오르막으로 시작되는 것은 아니었다.

눈이 가는 곳 어디에나 넓은 하늘이 펼쳐졌다. 길가에 있는 가을 야생 열

야생 블루베리/산딸기

매들이 첫날의 긴장감을 너그럽게 만들었다. 긴장하면 생기는 목마름증도 불편할 정도는 아니었다. 배낭을 가볍게 하고자 물병의 물은 3분의 2만 채웠다. 천천히 걷는 것도 빠르게 걷는 것도 각자의 선택이었다. 보폭이 비슷한 나와 라라가 나란히 혹은 앞뒤로 걸었다. 걸음이 가볍고 빠른 원은, 첫 순례인 데다 나이가 가장 많은 노의 상태에 맞추느라 우리 뒤를 따랐다. 라라는 말하기를 무척 즐기는 사람이었다. 그녀의 말이 발걸음의 수보다 훨씬 많아질 즈음 뒤따라오던 두 사람의 모습이 보이지 않았다.

몽보네Montbonnet를 벗어났을 때 숲이 시작되었다. 숲은 꽤 깊은 데다 비가 온 뒤라 미끄럽고 경사가 심했다. 빛이 잘 들지 않는 숲은 적막했고 짙은 회색빛이었다. 영화에서 나오는 마귀의 숲처럼 나무도 이끼도 예사롭지 않았다. 혼자 순례를 계획할 때 마음에 걸리던 그 숲이었다. 둘이서 걷고 있는데도 라라는 계속 무섭다고 했다. 낯선 곳은 그것만으로도 충분히 위협적이었다. 숲을 통과하는 데 꽤 긴 시간이 필요했다. 첫날 그 숲 이외의 풍경은 별로 기억에 없다. 동행이 있다 해도 첫날 맞닥트린 두려움의 본능을 떨치기는 어려웠나 보다.

생 프리바 달리에로 가는 길의 넓은 목초지

8시간 만인 오후 5시가 넘어서 숙소에 도착했다. 숙소는 첫날의 긴장과 고단함을 씻어줄 만큼 좋았다. 주인은 친절하고 시설은 깨끗하고 안락했다. 그때까지 노와 원은 도착하지 않았다. 처음 몇 번은 뒤따라오는 그들을 기다렸다. 그러다 마귀의 숲을 지나고 어

생 프리바 달리에 마을

떤 마을에 도착했을 때였다. 마을 주민이 손을 끌고 가르쳐주는 다른 길로 빠지면서 더 이상 보이지 않았다. 이후로 두 번 더 쉬면서 기다렸으나 그들을 볼 수는 없었다. 걱정하는 마음은 있었으나 경험이 많은 원이 있으니 잘 올 것이라 믿었다. 아니 그렇게 믿고 싶었다. 라라의 독촉이 아니더라도 나 역시나 목적지에 빨리 도착하고 싶은 마음이었다.

숙소에 도착한 뒤 씻고 나와 한숨 돌리려는데 종일 추적추적 내리던 비가 소나기로 쏟아졌다. 날은 어두워져 갔다. 그들에게 전화를 해도 문자 메시지를 보내도 회신이 없었다. 걱정하는 시간이 꽤 흐른 다음에 숙소 주인이 와서 급하게 알려주었다. 그들이 길을 잃고 엉뚱한 방향으로 가게 되었고, 헤매다가 차를 얻어 타고 가서 근처 호텔에서 묵게 되었다고 사고 없이 도착했다니 감사하고 다행스러운 일이었지만 마음이 편치 않았다. 느림을 기저로 하고 나선 순례길에서 일행을 기다리지도 않고 서둔 나는 여전히 초보 순례자일 뿐이었다. 저녁을 먹을 때 그 생각이 더 들었다. 저녁 식사가 근사했기 때문이었다. 특히나 따뜻한 렌틸콩 스프를 먹을 때와 다양한 종류의 치즈가 후식으로 나왔을 땐 함께하지 못한 아쉬움이 컸다.

소나기가 멈추고 난 뒤 숙소에서 바라본 프리바 달리에 밤 풍경

생 프리바 달리에 마을의 주택들

5일 차

8시, 숙소에서 출발을 했다. 비가 오고 난 뒤의 아침 공기는 마치 뽀득거리는 소리가 날 것 마냥 깨끗했다. 아름다운 자연은 사람을 겸손하게 만들었다.

생 프리바 달리에 마을을 뒤로하고

12세기에 건축된 작은 예배당

    소그로 가는 길은 왔던 길을 되돌아 나와서 언덕을 올라야 했다. 언덕 중간 즈음에 묘지가 자리했다. 마을은 묘지를 바라보고 묘지는 마을을 바라보는 위치다. 유럽의 묘지는 살아 있는 사람들과 한 공간에 있다고 해도 과언이 아니다. 뒷동산이 아니라 앞동산이며 성당 안이거나 마당 한가운데 혹은 마을의 중앙이다. 유럽의 묘지 입구에 '오늘은 나에게, 내일은 너에게hodie mihi, cras tibi' 라는 라틴어 문구가 이들이 죽음을 바라보는 시선을 보여준다.

모니스트롤 달리에는 산 사이에 알레강이 흐르고 그 강을 바라보는 위치에 있는 멋진 마을이다. 운치 있는 철골조 다리를 건너자마자 비bar가 있다. 그곳은 강과 숲의 절경이 한눈에 들어오는 곳이다. 커피와 토르티야 데 파타타를 시켰다. 스페인의 토르티야보다 더 풍미가 있었다. 나와 라라는 커피와 음식을 다 먹고도 계속 앉아 있었다. 좋은 풍경 때문이기도 했지만 이곳에서 합류하기로 한 노와 원을 기다려야 했다.

모니스트롤 달리에 풍경

운치 있는 철골조 다리

소그 마을 진입로의 여러 조형물들

6일 차

있어야 할 곳에 있을 때 가장 아름다운 자연

광활한 농장 한가운데 있는 지트gite(프랑스 순례자 숙소를 이름) 르 소바 주Le Sauvage는 이곳에 오기 전부터 기대하던 숙소였다. 이 멋진 곳이 예전에 병원이었든 종교전쟁과 관련이 있던 곳이든 그것은 중요하지 않았다. 순례자는 날마다 새로운 길을 걷고 새로운 숙소에서 자는 것이 일상이다. 길에서 머무는 기간이 얼마이든지 간에, 그동안 사용할 모든 짐을 등에 지고 아침이면 길을 나선다. 일기가 나쁘다고 멈추지 않는다. 주어지는 그대로의 자연에 순응하며 매일 걷는다. 이런 순례자에게 숙소는 단순히 하룻밤 머무는 의미 이상의 곳이다.

나는 위치와 편안함보다 그곳만이 가진 색깔이 있는 곳이 좋았다. 떠나기 전 온라인 지도를 열어 몇몇 숙소를 미리 확인했다. 광활한 농장 한가운데 흡사 튼튼한 축사의 모습 같았던 오늘의 숙소, 그 모습이 여간 마음에 들지 않았다. 지금은 르퓌길 순례자들에게 한 번쯤 묵어가고 싶은 명소가 된 곳이다.

모든 것이 시작이었다. 계절로 본다면 한 해를 마무리하는 가을일지라도 그 안에서도 시작이 있다. 내 삶의 가을도 이 길에서 좋은 시작을 하고 있었다. 비록 무심히 지나쳐 온 시작이 있었을지 몰라도.

가을도 시작이고, 르퓌길도 시작이다. 동행들과도 시작이고, 나 자신으로서 다시 서는 시작이고, 한 가지 지향기도를 하며 걷는 것도 처음이고, 프랑스의 가을도 처음이고, 이 길도 처음이다. 모든 것이 처음이 되는 시간을 맞이하고 있었다. 아직도 시작할 처음이 많은 시간이 귀할 수밖에 없었다.

목적지에 다 와 갈 무렵 시원하게 뻗은 잣나무 숲길이 나타났다. 변화 없이 계속되는 길을 걷다가 힘차게 뻗어 있는 잣나무 숲길을 보자 힘이 났다. 숲을 벗어나면 새로운 뭔가가 나타날 것 같은 기대로 생긴 에너지였다.

잣나무 숲길

잣나무 숲이 끝나자 광활한 목장이 나타났다. 그 목장을 따라 한참을 걸었다. 목장 한가운데 눈에 익은 건물이 보였다. 건물은 멀리서도 보일 만큼 굴뚝에서 연기가 올라왔다. 아, 대한민국과 이곳과의 거리는 약 9천 2백 킬로미터, 세계지도에서 프랑스 시골의 작은 숙소를 찾아 점을 찍고 마음에 품었는데 결국 도착했다. 길을 꿈꾸는 자는 언젠가 그곳에 갈 수 있다는 것을 첫 스페인 길에서 경험했다. 꿈을 꾼다는 것은 안락한 인생에 방해가 되기도 하고 삶을 고단하게도 하고, 이기심을 수반하기도 한다. 그럼에도 나는 여전히 꿈을 꾼다. 꿈을 이루는 경험을 맛보았기 때문이다, 내 순례는 꿈을 이루는 특별한 과정이다.

르 소바주로 향하는 목장 길

르 소바주

지트의 주방 겸 바

　순례자는 숙소에 도착하면 순례자 여권에 스탬프를 찍고 침대를 배정받는다. 요금을 지불하고 내일 숙소 예약을 부탁하는 일련의 과정이 끝난 다음에 방으로 들어가 짐을 푼다. 그런 다음 씻고 빨래하고 배낭 정리하고 나면 동네 산책을 나서는 것이 일과다. 이곳 지트 주변에는 산책할 동네는 없었지만 다행스럽게도 지트 식당을 이용해서 바를 운영했다. 아이스크림을 사 먹으며 숙소 예약 때문에 신세 진 미국 순례자들에게 맥주를 나누니 저녁 시간이었다.

　각자의 방에서 휴식을 하다 저녁을 먹기 위해 내려온 사람들은 스무 명쯤 되었다. 이곳은 특이하게도 저녁 식사 자리를 지정해놓았다. 처음 있는 일이었다. 나는 스위스 부부 옆자리에 앉았다. 그들은 순례자는 아니었다.

　프랑스의 지트는 일반 여행객들에게도 개방이 되었다. 스페인 산티아고 가는 길의 숙소 알베르게와는 다른 부분이었다. 프랑스의 순례자 숙소는 산티아고 가는 길의 숙소보다 소규모이며 가정적이었다. 프랑스의 시골여행은 자국 내 국민들에게는 휴식의 일환으로 생활화된 부분이 있었다. 여러 형태의 숙소들이 저렴하게 잘 형성되어서 그런 여행들이 활성화되는 데 큰 몫을 하는 것 같았다. 어쨌든 모두 가족처럼 길게 앉아 직원들의 서빙을 받으며 저녁 만찬을 즐겼다. 소문만큼 멋진 식사였다.

새벽 두 시, 1층에 말려놓은 빨래를 걷는다는 핑계로 방에서 나왔다. 어제 저녁 라디에이터 옆에 걸어놓은 빨래를 만져보니 축축했다. 나는 곧장 1층 현관문을 열었다. 발아래 빛이 어둠 속으로 완전히 사라질 때까지 걸어 나갔다. 숙소의 빛은 어둠 속에 서 있는 내게 이정표였다.

하늘과 땅 사이에 어떤 방해도 없는 곳에서 별을 보고 싶은 소망을 갖고 있었다. 이곳을 예약할 때 그것을 염두에 두었다. 짙은 어둠은 하늘과 땅을 한 덩어리로 만들었다. 주먹만 한 별이 구름 사이로 듬성듬성 빛났다. 내가 별을 보는지 별이 나를 찾는지 모호했다.

어둠으로 인해 아무것도 보이지 않는 밤에는 나도 보이지 않았다. 밤이 얼마나 깊은지는 어둠 속에서는 알지 못한다. 어둠이 아름답지 못한 것은 모든 것을 자기식대로 삼키기 때문이다.

'밤마다 별을 바라보세요. 내 별은 너무 작아서 어디 있는지 가르쳐줄 수도 없어요. 하지만 그게 더 좋을 거예요. 그래야 아저씨가 어떤 별을 바라보든 즐거울 테니까요.'
　　　　　　　　　　　　　　　　　　　　　　－ 생텍쥐페리

방으로 돌아오자 문 여는 소리에 잠을 깬 라라가 물었다.

"어디 갔다 왔어요?"

"별을 보고 왔어요."

"방에서도 보면 되는데…."

방에는 별을 감상하도록 천장에 창이 있었다. 우리는 그 자리를 노와 원에게 양보했었다.

"보이던가요?"

"네, 많이요. 주먹만큼 커요."

슬픔을
가장한
교만

7~9일 차

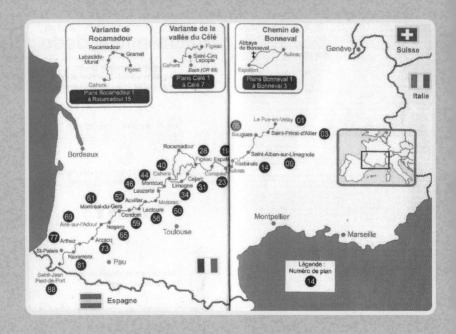

마음으로 자신을 단죄하지 않고 희망을 포기하지 않는 이는 행복하다.

7일 차

Le Sauvage – 생 탈방 쉬르 리마뇰
Saint-Alban sur-Limagnole

9월 28일

아침에 딸랑딸랑 방울 소리 울리며 목장으로 향하는 소들

미쉐린 가이드북 일정은 27km였다. 아직 걷기에 적응도 되지 않았는데 무리하고 싶지 않았다. 12km 지점에 있는 생 탈방 쉬르 리마놀까지를 오늘의 목적지로 삼았다. 어중간하게 끊어진 구간이지만 식품점과 숙소를 고려했다. 르퓌길에서는 숙소에서 제공하는 아침은 선택이 아니라 필수였다. 전날 빵, 치즈, 과일 등을 샀다가 다음 날 아침에 먹는 사람도 있었다. 아직 나는 그것을 시도하지 않았다. 서늘한 계절에 마른 빵을 먹고 나서는 것이 내키지 않아서였다.

프랑스의 아침은 프티 데쥐네petit déjeuner 작은 아침이란 뜻처럼 가볍게 먹는다. 낙농업의 나라답게 다양한 유제품들과 차, 과일, 빵을 준비해서 식탁에 차려놓거나 원하는 만큼 가져다 먹는다. 커피와 우유는 언제나 따뜻하게 데워져 있다. 대부분의 지트에서는 아침에 갓 구운 신선한 빵을 사와서 손님들에게 낸다. 우리네 김치 맛이 그렇듯 바게트의 맛도 집집마다 다르다.

앞에서도 언급했듯이 르퓌길에서는 적어도 하루 전까지 숙소를 예약해야 한다. 침대만 사용할 것인지 식사를 함께 할 것인지 구체적인 내용을 밝혀야 한다. 침대만 사용할 경우는 15유로 전후다. 침대 가격에 아침이 포함된 곳도 있다. 아침을 별도로 신청할 경우 5유로 정도를 추가해야 한다. 침대+아침+저녁을 포함하는 DP가 35유로 정도다. 순례자의 대다수는 침대와 아침, 저녁을 포함하는 DP, 즉 드미팡시옹Demi-pension으로 예약한다. 그 이유는 여러 가지다.

르퓌길은 대부분 아주 작은 시골 마을을 지난다. 마을에는 바와 레스토랑, 식품점이 없는 곳이 있는데다, 바나 레스토랑에서 사 먹는 음식 가격이 비싸다. 더 중요한 것은 지트에서 주는 식사는 프랑스 가정식처럼 훌륭하다. 식전 음식으로 나오는 스프의 대부분은 계절과 지역, 그 집의 특색에 따른다. 르퓌길의 첫 숙박지 생 프리바 달리에에서 먹은 렌틸콩 스프 맛은 그 길을 그립게 한다. 본 음식으로는 고기 종류다. 함께 제공되는 프랑스의 하우스 와인이 음식의 맛을 돋우는 것은 말할 것도 없다. 주인의 인심처럼 넉넉하고 프랑스의 드넓은 들판처럼 풍요로운 신의 물방울이지 않은가.

스페인이든 프랑스든 순례길에서는 와인 인심이 참 후하다. 물은 돈을 주고 먹지만 와인은 일부러 사 먹지 않으면 그럴 일이 많지 않다. 후식으로는 커피, 음료, 과일, 달콤한 빵을 준다. 어떤 곳은 종류별 치즈를 맛보며 긴 저녁을 마무리한다. 각 숙소의 특색을 살린 정성스러운 음식을 맛보는 즐거움은 르퓌길에서 빼놓을 수 없는 혜택이며 기쁨이다. 700-800km를 걷고도 몸무게가 빠지지 않는 이유이기도 하다.

대부분의 지트는 싱글 침대로 베개를 비롯한 침구가 잘 갖춰져 있다. 르퓌길에서만 걷는 일정이 끝난다면 침낭을 꼭 지참할 필요는 없다. 계절에 따라 보일러가 작동되지 않는 곳도 있으니 만약의 경우를 대비할 필요는 있겠다. 불편한 점이라면 이곳도 스페인과 마찬가지로 저녁 식사 시간이 늦다. 7시 혹은 7시 30분에 시작해서 끝나는 데 걸리는 시간은 최소 2시간이다. 저녁 식사 시간이 늦는 것과 식사가 다 끝날 때까지 끝없이 대화를 하는 그들의 문화는 식사 때마다 어려운 숙제였다. 그 수다는 그들의 교육 환경 이전에 어쩌면 타고난 성향일 수도 있었다.

프랑스의 공교육은 초등학교 때부터 프랑스어에 대한 교육에 집중된다고 한다. 중·고등학교를 거치는 동안 독서를 통한 지식 함양과 논리력, 표현

력, 설득력과 비판력까지 갖추도록 지도한다. 고등학교 마지막 학년이 되면 매주 8시간씩 철학 수업까지 듣는다. 그 마지막 단계가 바칼로레아라고 하는 논문 형식의 수능시험을 치르며 일반적인 초중고 과정을 마친다. 이런 교육의 바탕이 있으니 그들의 프랑스어 사랑이 당연한 것이라 생각된다. 그러나 이런 교육 이전에 그들의 고상한 수다는 천성적인 것도 있는 것 같다.

'골족 상태는 미개했지만 야만 상태는 아니었다. 총명하고 언어의 심미 감각이 예민하여 로마인의 생활에 호기심이 많던 골족은 재주 있는 장인과 용감한 군인의 자질을 보여주었다.'

'천성적으로 웅변가인 골족의 자손들은 곧 로마 광장에서 광채를 드러냈다.' 앙드레 모루아

골족은 현재 프랑스 지방을 포함한 갈리아 지방을 일컫는다. 우리는 프랑

가축 먹이 창고

생 탈방 리마뇰 마을 이정표

스 사람들은 자국어에 대한 자부심으로 남의 나라 언어를 배우지 않는다고 이야기한다. 그건 국가에서 자국어에 대한 교육에 집중하니 애정이 생기지 않는 것이 더 이상하다. 이런 환경적 요인으로 그들의 수다는 지극히 정상적일 수밖에 없을 것 같다. 선천적으로 말하는 감각이 발달되어 있는 데다, 독서와 학습을 통해 쌓은 지식을 논리적으로 표현하고, 그것을 대화로써 서로 소통하는 법을 어릴 적부터 교육 받아온 사람들이니까. 다만 프랑스어를 모르는 내가 인내심으로만 버티기에는 3시간은 너무 길었다.

12km 정도는 놀며 쉬며 걸어도 목적지에 1시경에 도착했다. 예약한 숙소가 있는 곳은 성당 바로 옆이었다. 숙소 주인은 바bar 운영을 겸하고 있었다. 그곳에서 샌드위치로 점심을 먹으며 문 여는 시간을 기다렸다. 방은 크고 마을 성당이 창가에서 바로 보이는 점은 마음에 들었으나, 주인 혼자서 겸업을 해서인지 깨끗하게 관리되지 않았다. 물 좋고 정자 좋은 곳이 없다고 하는데 아니다. 르퓌길 대부분의 숙소는 물 좋고 정자가 좋다.

마을의 밤 풍경. 사람들이 서 있는 곳 2층이 숙소

Saint-Alban sur-Limagnole -
오몽 오브락Aumont-Aubrac

9월 29일

집을 나선 지 8일째이고 순례를 시작한 지는 겨우 5일째인데 길이 지겨워지기 시작했다. 두려움과 긴장감으로 바로 서지도 못할 만큼 떨렸던 스페인 길에서는 느끼지 못했던 감정이었다. 그림 같은 풍경이 눈앞에 펼쳐지고, 포근한 침구에서 잘 수 있고, 마을 사람들의 친절에 감동하고, 누구라도 들어갈 수 있는 유서 깊은 성당들이 있고, 미지의 땅을 두 발로 걷는 것에 감격하고, 나 그네에게 기꺼이 따뜻한 음식을 내어주는 이곳이 지겹다는 생각이 들다니, 내가 미쳤어!

왜 이런 생각이 드는지 알고 있었다. 기대였다. 목숨을 걸다시피 나섰던 첫길과 이런저런 기대를 안고 시작한 두 번째 길은 받아들이는 마음이 달랐다. 이 길을 먼저 다녀온 몇몇 사람들은 하나같이 좋은 이야기만 했다. 나는 아니라고 했지만 기대는 커져 있었다. 순례자에게 '좋다'는 뜻을 어리석게도 단순하게 해석했던 것이다.

십자가와 아름다운 마을과 길

더 솔직히 말하면 문제는 이것 외에 더 있었다. 노 때문이었다. 그녀의 모습을 보며 뒤따라 걷자니, 다시 말하면 전혀 예상치 못한 정신적 무게를 감당하느라 좋은 것이 온전히 좋은 것이 되지 못했다. 노는 우리 중에 가장 나이가 많고 왜소한 데다 췌장암을 막 극복한 여인이었다. 그녀의 얼굴에는 아직 마무리되지 않는 육체적 고통의 색이 남아 있었다. 그녀는 본인의 몸보다 큰 배낭을 메고 절뚝이며 걷는 중이었다. 그런 그녀의 모습을 뒤에서 보호하며 걷자니 나 자신과의 싸움에 빠지게 되었다.

그녀의 배낭은 우리 넷 중에 가장 무거웠다. 흔히 순례자들의 배낭은 인생의 무게 혹은 내가 짊어져야 할 십자가라고 한다. 이전에는 나도 그 말에 동의했다. 그러나 이제 그것이 아님을 안다. 배낭은 내가 짊어져야 할 어쩔 수 없는 인생의 무게가 아니었다. 여전히 진행 중인 내 인생이었다. 하물며 삶도 내 생각 여하에 따라 달라지는데 배낭의 무게를 어쩔 수 없는 인생의 무게라고 단정 짓는 것은 합리적이라 할 수 없을 것이다. 순례는 짐을 싸는 그 순간부터 시작된다. 배낭 안에 채운 것은 단순한 짐이 아니다. 지금까지 살아온 습관과 앞으로 살아갈 방향을 담은 인생이다. 배낭을 보면 그 사람의 삶을 짐작할 수 있다. 배낭은 바로 현재 자신인 것이다.

'짐은 인간을 말해준다. 짐은 물질적인 형상으로 나타난 인간의 분신과 같은 것이다. 그래서 공정한 관찰자는 짐을 보고 그 인간에게 가장 본질적인 것, 없어서는 안 되는 것이 무엇인지를 당장에 짐작할 수 있는 것이다. 짐은 어떤 심리학과 동시에 어떤 사회학을 구체화하여 보여준다.'

– 짐, 다비드 르 브르통

내 인생은 누구도 대신할 수 없는 것처럼 순례길에서의 짐은 누구도 대신 져줄 수 없다. 불의의 사고라도 났다거나 하는 등 극한의 상황이 아니라면 말이다. 대신 짊어진 짐은 원래의 무게보다 몇 배나 무겁게 느껴진다. 그래서 그것을 짊어진 사람의 마음을 단숨에 고통스럽게 만든다. 불행한 순례자로 전락될 가능성이 높다.

노는 '만약에'라는 상황의 늪에서 헤어나지 못했다. 그녀의 짐을 다 알 수는 없었지만 일반 순례자의 2배 혹은 3배 가까운 짐이었다. 그녀가 이 짐들을 짊어질 만큼 튼튼한 체격이라면 문제 될 것은 없었다. 그러나 아니었다. 앞으로 닥칠 그녀의 일이 불을 보듯 훤하게 그려질 수밖에 없었다. 나는 그녀에 대해 그런 말을 할 만큼 가까운 사이가 아니었다. 나는 입 밖으로만 말을 하지 않았을 뿐 끊임없이 '제발' '안 돼!'라고 외쳤다. 대신 원과 라라가 충고를 아끼지 않았다. 그러나 충고로 어찌 사람을 바꿀 수 있겠는가. 인간은 태어날 때부터 떠안고 나온 기질과, 저마다 살아온 시간과, 그 시간으로 퇴적된 습관과, 나이와, 물건마다 간직한 이야기와, 앞으로 다시 쓰일 기대와, 함부로 다룰 수 없는 타인의 것이 엉켜 절대 떨어져 나갈 수 없는 것이 있다. 그녀에게 버림을 받을 물건은 쉽게 선택되지 못했다. 거기다 이번 스위스 여행 중에 사들인 새 물건까지 얹어졌다.

스틱은 땅을 짚어 몸을 포함한 무게를 분산하여 걸음을 돕는 용도이다. 노의 스틱은 아기를 업듯 무거운 배낭을 받치는 또 다른 손이 되었다. 우리 중 누군가는 그녀의 뒤에서 그 걸음을 지켜야 했다. 그녀를 보호하는 행위가 싫은 것이 아니었다. 휜 다리로 절뚝이며 걸어가는 모습을 보고도 대신 짐을 짊어져 줄 수 없는 상황과, 짐을 버리지 못하고 모두의 마음을 무겁게 하는 그녀에 대한 원망이 포함되었기 때문이었다.

　아침에 시작할 때는 15km라 부담 없이 나섰다. 감자치즈요리 알리고가 유명하다고 소문난 집을 예약도 했다. 그것에 대한 기대도 있었다. 15km 정도의 거리라면 쉬는 시간까지 합해도 다섯 시간이면 충분하겠지 했건만 그렇지 않았다. 중간에 바가 없는 길이었다. 바가 없으니 앉아서 쉬고 싶은 마음도 생기지 않았다. 조금만, 조금만 하면서 계속 걸었다. 쉬지도 물을 마시지도 않았다. 아침엔 들녘에 짙은 안개가 끼었었고 낮에는 유난히 파란 하늘이 의식을 놓게 했는지도 모를 일이었다. 쉬어간다는 개념이 사라졌다.

　순례길을 걸을 때면, 자연은 머물고 나는 이동하는 느낌을 강하게 의식하게 된다. 그래서인지 떠나는 길에 남겨진 모든 것들에 대한 애착이 커진다. 안타까움이 아니고 사랑이다.

　새로운 길과 마을에 들어서면 호기심으로 시작된 즐거운 마음이 솟는다. 그 즐거움은 고단함을 기쁨으로 전환시키는 신기한 능력이 있다. 저절로 눈과 마음을 반짝일 수밖에 없다. 동네를 구경하는 재미는 장거리 순례길에 없어서는 안 되는 큰 행복이다. 창문에 드리워진 레이스 커튼 하나 무심히 놓인 화분 하나에도 만남과 이별을 동시에 느낀다. 새로운 마을에 들어서면 성당을 먼저 거친 다음 바에 들어가고, 그것마저 아쉬울 때면 남의 집 울타리 아래나 계단에 앉아, 아직 오지도 않은 그리움을 앞당기곤 한다. 감성은 최고조에 달하고 정신과 몸이 예민한 상태에 빠진다. 나 자신에 대한 문제에 침잠하는 것에서 벗어나 나 이외의 것에 집중한다. 그것들과 소통하는 데 온 마음을 뺏긴다. 순례자가 아니고서는 경험할 수 없는 특별함이다.

하늘을 선회하는 까마귀들

그렇게 대여섯 시간을 무엇에 이끌리듯 걷다가 더 이상은 걸을 수 없음을 몸이 먼저 알아차린 것이다. 내 의지와 상관없이 밭둑 옆에 스르륵 드러누웠다. 그 순간, 단 한 번도 자연의 일부분이었던 적이 없었던 '고집스러운 나'는 사라지고 작은 도드라짐도 없이 자연과 내가 완전히 하나가 되었다는 것을 알 수 있었다. 한 걸음 한 걸음 내디딜 때마다 내가 가진 것들은 모두 산화되고 텅 빈 상태로 자연의 일부가 된 것이었다. 내 옆의 라라도 같은 모습이었다. 얼마의 시간이 흐른 뒤 눈을 떠 하늘을 보니 그사이 주검의 그림자라도 감지했는지 까마귀 두 마리가 우리 위를 선회했다. 다시 눈을 감았다가 눈을 떴다. 이번에는 더 여러 마리가 날았다. 나는 평소 까마귀의 정령을 믿는 편이다. 기의 흐름이 연결되었다는 기분에 사로잡혔다. 초반 지루했던 길은 특별한 경험으로 선명한 생의 한 축이 되었다. 길에서 또 새로운 것을 배웠다.

목장은 끝도 없이 연결되고 또 연결되었다. 가을이란 계절이 지구의 어느 한 지점에 내려앉아 휴식 중이며 나는 곧 없어질 그 한 지점을 걷는 것 같았다.

끝없이 계속되는 목장 길

어제 지겹다고 느낀 길과 오늘 멋지게 느끼는 길은 같은 선상의 다른 음표였다. 어제 지트 주인의 따뜻한마음이 이 황량한 가을을 따뜻하게 바라보게 했다.

걸으면서 쌓인 고단함을 어젯밤 지트의 포근한 이불 속에 내려놓기도 전이었다. 저녁때였다. 기대한 알리고도 좋았지만 알리고를 만들어내는 주인의 정성과 미소, 마치 오늘 문을 열고 첫 손님을 대하듯 하는 주인을 보는 순간 각진 마음이 스프처럼 부드럽고 따뜻해졌다. 소문을 듣고 찾아온 순례자들에게 알리고에 담은 주인의 따뜻한 이벤트는 길을 걷지 않았다면 절대 만날 수 없는, 그래서 자꾸만 길 위에 서게 되는 손짓이었다.

지트의 정원

순례자들의 저녁을 준비하는 주인 부부

오래된 주방용품들

알리고를 퍼 주는 주인과 기대에 찬 모습의 순례자들

저녁을 먹고 빨래를 걷으려고 밖으로 나왔다. 온기를 잃은 햇볕 때문에 빨래가 무거운 다리를 늘어트리고 있었다. 언제 봤는지 지나가던 주인이 빨래를 가지고 따라오라고 손짓했다. 그는 문을 열고 덧문을 열고 또 삐걱거리는 작은 나무문을 열어 보이며 말했다.

"어때요, 이곳에 빨래를 널지 않을래요? 내일 아침이면 틀림없이 잘 마른 나무토막을 만나게 될 거예요."

지트의 부엌만큼이나 오래돼 보이고 좁은 보일러실을 자랑스럽게 보이며 말했다.

"내일 아침 그 나무를 꼭 보고 싶군요. 당신의 친절이 나를 행복하게 합니다. 고맙습니다!"

지트 주인은 사랑의 씨앗을 내게 뿌렸다. 잘 키우는 것은 내 몫이다. 순례길의 사람들은 모두가 하나같이 생활에서 선한 기도를 이루는 사람들이었다.

*알리고Aligot: 오몽 오브락에서 유래한 음식이다. 삶아서 으깬 감자에 라귀올 치즈(11세기 오브락산 수도원 수사들이 제조법을 전수한 것), 크렘 프레슈, 버터, 마늘 등의 재료를 사용하여, 탄성이 생길 정도로 섞어주면 밀가루 반죽 같기도 치즈 같기도 한 알리고가 된다. 따뜻할 때 먹어야 한다.

가끔은 순례길에 사람이 많아지면서 상업화되었다고 투덜대는 사람들이 있다. 물론 그의 속뜻은 온전히 그런 의미만은 아닐 것이다. 어쨌든 스페인인이든 프랑스 농촌 사람이든 그들도 생활을 유지하며 살아가야 할 사람들이다. 경제적 이익을 포기하고 인심 좋은 사람으로만 남아달라는 것은 무리한

바스티드의 작은 예배당, 순례길에는 이런 작은 예배당이 많다.

요구이다. 그럼에도 아직 순례자들과 관련된 일을 하는 사람들 거의 대부분은 우리가 바라는 욕심을 채워준다. 짧은 일정이라 할지라도 작은 마을에 쉬어갈 바 하나 없이 걸어야 하는 길은 같은 길이라도 고단함의 정도가 다르다. 그 길이 그곳에 있어서, 그 사람들이 그곳에서 지켜주어서, 그런 길을 걸을 수 있어서 늘 감사한다. 중간에 바도 없이 여러 번의 오르막을 오르며 26.5km를 걸으며 깨달았다. 가을은 결코 쓸쓸한 계절이 아니었다.

베|bès강

사노라면 소중한 사람들과 뜻하지 않는 이별을 할 때도 있다. 생각하고 또 생각해도 받아들일 수 없는 일이 있다. 그러나 어쩌리. 이미 지나가 버린 과거는 누구도 돌이킬 수 없으니. 사실 내가 생각하고 또 생각하고 아무리 생각한들 그것이 그 일에 무슨 덕이 되겠는가. 그건 떠난 사람을 위한 것도, 가족을 위한 것도 아니다. 내 몸을 해하고 결국은 주변 사람들까지 해하는 일이다. 상처를 들여다보며 헤집으며 삶을 낭비하는 것이야말로 슬픔을 넘어선 교만인 것을….

기도

10~13일 차

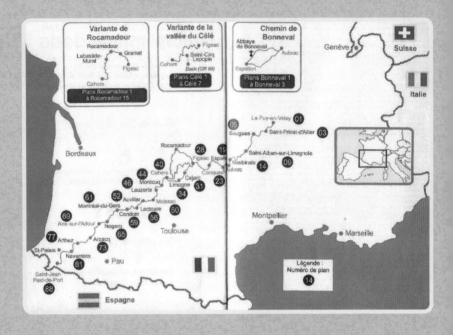

주님, 당신 마음에 드시는 때에 저의 기도가 당신께 다다르게 하소서.

프랑스 날씨 어플을 확인한 원이 말했다.

"비 올 확률 100%라고 하는데 우리 배낭서비스 할까?"

마다할 이유가 없었다. 우리 모두 열정보다 건강이 염려되는 나이였다. 프랑스의 가을은 우기에 해당되는 시기다. 다행스럽게도 지금까지는 비 때문에 어려운 점은 없었다.

배낭 하나를 택시로 실어 보내는 택시 서비스가 7유로였다. 우리는 배낭 4개를 보내는 것이 아니라 두 사람씩 짐을 모아 2개를 만들었다. 남은 가방에는 바게트와 약간의 치즈, 사과 한 개를 점심 겸 간식으로 챙겼다. 비가 올 확률이 100%라는 것에만 집중했지 비가 얼마만큼 내릴지는 관심을 두지 않았다. 무거운 짐도 없이 시작하는 길에서는 날씨가 그다지 중요하지 않았다. 촉촉이 내리는 가을비는 운치를 더해줄 뿐이었다. 그러나 가볍게 내리던 비는 시간이 지날수록 세찬 바람을 동반한 엄청난 장대비가 되어 퍼부었다.

초반 무렵 르퓌의 많은 길은 농장을 따라 걷는 길이었다. 그러나 생 쉘리 도브락 가는 길은 단순히 농장을 따라 걷는 길이 아니었다. 서로 다른 개인의 농장 문, 아니면 가축들의 분리나 목초지의 효율적 유용을 위한 것이거나, 문을 열고 닫는 행위를 반복해야 했다. 미끄러운 데다 힘껏 잡아당겨서 고리를 걸어야 했으므로 쉽지 않았다. 몇 번을 열고 닫았는지 셀 수 없었다. 어려움은 그뿐이 아니었다. 농장에는 무수히 많은 소똥이 있었다. 그것들은 세찬 비에 산산이 부서져 높은 곳에서부터 도랑이 되어 물과 함께 쏟아졌다. 순례길을 걸으며 한 번도 가축의 똥이 더럽다고 생각해본 적이 없었다. 소똥은 익숙한 순례의 일부였다. 그렇다고 해도 마른 똥을 밟는 것과 높은 곳에서부터 쏟아져 내려오는 똥물을 덮어쓰는 것은 달랐다.

르퓌길 숙소에서는 실내로 입실하기 전에 대부분 실내화로 갈아 신는다. 배낭은 큰 비닐 가방 안에 넣어서 별도로 보관하고 필요한 것만 바구니에 담아서 침대로 가져간다. 번거롭게 생각되었다. 뭐 더럽다고 하는 불평이 마음속에서 살짝 생기기도 했다.

생각해보면 알게 모르게 마른 소똥 위에 드러눕기도 하고, 그 위에서 점심을 먹기도 하고, 이렇듯 똥물 도랑을 걷기도 하는데 불평이었다니 당치 않은 일이었다. 만약 원이 날씨를 확인하지 않고 배낭을 짊어지고 왔더라면 최악의 상황이 벌어질 뻔했다. 나를 제외한 일행들의 신발과 비옷으로 빗물이 스며들면서 상황은 매우 어려웠다.

나는 이번 길을 떠나기 전에 용품에 신경을 썼다. 스페인 길에서 배낭과 비옷 때문에 불편을 겪었기 때문이었다. 나는 폭우 속에서 선택의 덕을 봤다.

오몽 오브락

우리 모두는 오늘 하루 무사히 도착하는 것, 그것만 생각했다. 최대한 단순한 걸음이 폭우 속에서 이루어졌다. 사는 것도 마찬가지다.

　삶은 망망대해에 떠 있는 작은 배와 같다. 언제 무슨 일이 일어날지 우리는 알지 못한다. 폭풍우를 만났을 때 다른 것을 생각할 겨를이 없듯이, 일상에서 고민하고 해결해야 할 여러 가지 문제가 있다는 것은, 내 삶이 무난하다는 것을 말하고 있는지도 모른다. 정말로 큰일이 생기면 그때까지 힘들다고 생각되었던 일들은 더 이상 어려운 일이 아닌 것이 된다. 그때는 내가 그 일들을 해결하는 위치에 설 수 없을뿐더러 나를 바로 세우기도 어렵다. 지금 이런저런 고민거리가 많다는 것은, 내가 미처 보지 못한 행복이 그것과 비례되어 있음을 알려주는 것인지도 모를 일이다.

　시간이 지나자 폭우는 잠잠해지고 비는 하루 종일 계속되었다. 빗속으로

생 쉘리 도브락 마을

걸어온 날 DP가 되지 않는 지자체 숙소였다. 그 숙소들은 대부분 침대만 제공되었다. 10월에 접어들자 문을 닫는 숙소가 많아져서 선택의 폭은 좁아졌다. 아니나 다를까 마을 안 식료품점 주인이 휴가를 떠나버려 식품을 구할 수 없었다. 하는 수 없이 바에 들어가 맥주 두 잔과 안주로 점심 겸 저녁을 대신했다.

둥글둥글 납작한 돌 지붕에는 이끼가 피었다. 걷는 사람의 눈높이보다 낮은 지붕은 그 자리를 지켜온 시간을 보여주었다.

돌 지붕

생 콤 돌트 입구

지트Gite du Couvent de Malet

르퓌길에는 돌도 많고 돌로 지은 집도 많다. 오베르뉴 지역이 화산지대이
기 때문이다. 천천히 걸었다. 멀리 가기 위해서는 천천히 걸어야 했다.

순례자들의 신발

음식을 나누어 주는 봉사자들

숙소는 마을로 들어서기 전 큰 도로에서 오른쪽에 위치했다. 마을에서 약 2km 정도 떨어진 곳이었다. 지트Gite du Couvent de Malet는 은퇴한 수녀들이 봉사하며 운영하는 숙소였다. 돌로 만든 황토색의 벽과 진한 회색의 지붕과 하얀 창틀이 멀리서도 보일 만큼 컸다. 에너지를 다 소진한 탓인지 숙소는 생각보다 멀었다.

스틱

숙소에 도착하니 사람이 사는 곳인가 싶을 만큼 인기척이 없었다. 문을 두드렸는지 벨을 눌렀는지 기억에 없지만 멋진 남자가 현관문을 열었다. 그는 우리 한 사람 한 사람에게 눈을 맞추며 밝은 인사를 했다. 그런 다음 숙소의 이곳저곳을 가리키며 편의 시설들을 알려주었다. 신발은 여기 지팡이는 저기 그러고는 자기를 따라오라고 했다. 그를 따라 안으로 들어갔다. 그는 숙소 소개를 계속 이어갔다.

"여기는 사용한 침구 커버와 베갯잇을 갖다 놓는 곳입니다. 여기는 도서관입니다."

순례자에게 친절은 때로는 피곤을 유발한다. 얼른 배낭을 내리고 침대에 드러눕고 싶기 때문이다. 아무리 멋진 봉사자라도 긴 입소 절차는 반댈세! 그런 그가 환한 미소로 또 설명했다. 주방이며 식당이며. 그리고 창문 너머 성당과 은퇴한 수녀들이 머무는 집까지. 솔직히 말하면 나는 이 숙소가 수녀들이 운영하는 숙소인지도 몰랐다. 그녀들의 집이라고 소개할 때 "어떤 그녀?"라고 말해버렸다. 그러자 그가 오히려 당황하는 것 같았다. 차라리 가만히 있을걸. 드디어 긴 소개의 과정이 끝난 다음 입실 절차를 밟아주었다. 순례자 여권에 스탬프도 찍어주고 내일 숙소 예약도 해주었다. 그러고도 그는 물었다.

　　"더 필요한 것이 있습니까?

　　"아니요, 없습니다. 감사합니다!" 재빨리 대답했다.

지트의 도서관

방에서 보는 창밖 풍경. 오후임에도 안개가 짙다.

르퓌길의 숙소들은 참 좋다. 그중에서 특별히 좋은 곳이 있는데 이곳도 그중의 한 곳이었다. 단순하지만 기품 있는 건물은 수녀들의 삶과 닮았고, 깨끗한 내부는 세련되게 손님을 맞는 잘생긴 봉사자를 닮았다. 방으로 들어오니 더 좋았다. 방은 넓고 환하며 창문 밖에는 잘 가꾸어진 정원과 마을이 보였다. 음식을 해 먹을 수 있는 시설까지 그야말로 완벽했다. 방을 보는 순간 생각했다. 하루 더 있다 가고 싶다.

샤워를 하고 나와서 하루 종일 걸었던 피로감도 잊고 한참이나 정원을 산책했다. 그러고 난 뒤 지트 내에 있는 성당에서 미사 참석을 했다. 미사 중에 처음 보고 듣는 악기—베트남 전통악기 단의 종류 같았으나 정확하지 않음—가 연주되었다. 연주하는 사람은 베트남 여성이었다.

그것은 무척이나 애처로운 음색을 지닌 악기였다. 나는 감정의 동요를 일

으키지도 않았는데 어느새 눈물을 주르륵 흘렸었나 보다. 라라가 힐금거리며 날 쳐다보았다.

　나는 오래전 심한 감기로 인해 후각의 대부분을 잃어버렸다. 대신 소리에 민감한 편이다. 그것 때문인지는 모르겠으나 음악은 다른 무엇보다도 내 의식의 중심부에 빠르게 도착하고 감정의 파장을 크게 일으켰다. 그 파장의 대부분은 단조로 흘러버려 나는 음악 듣기를 의식적으로 멀리한다. 말 그대로 심금을 울리기 때문이다. 그러나 그것과는 별개로 아름다운 음악은 미사를 풍성하게 했다.

지트의 중앙 정원

햇수를 가늠키 어려운 정원의 의자

Saint-Côme-d'Olt - 에스탱Estaing
10월 3일

　매일 밤 10시경이면 잠자리에 들었고 6시면 일어났다. 다리 통증과 추위를 견디기 위해 새벽마다 온수 찜질하는 것이 일상이 되어갔다. 무릎과 발목, 어깨에 뜨거운 물을 갖다 대고 있으면 효과가 있었다. 그럴 때면 나도 모르게 아, 좋다! 소리가 절로 났다.

　지트의 욕실은 대부분 방 바깥에 위치하는 공용욕실이었지만 새벽녘 물소리는 울려서 다른 사람들의 잠을 깨울 수 있었다. 소리를 낮추기 위해서는 자세를 최대한 낮게 쪼그리고 앉았다. 수압은 약하게 틀고 '감사하다! 감사하다! 뜨거운 물이 있어서'라며 혼자만의 의식을 치렀다. 그 짧고 신성한 의식이 끝나면 침대로 돌아왔다. 아직 온기가 남아 있는 침낭을 허리까지 당겨 올렸다. 그런 다음 어둠 속에서 묵상에 이어 묵주기도를 했다.

　남편이 쓰던 35년 된 장미묵주를 들고 기도하는 동안만큼은 나를 벗어나 그분을 만나는 데 집중했다. 그분께서는 내가 드리는 간절한 기도에 가만히

귀 기울여주시고 무엇이든지 들어주겠으니 원하기만 하여라, 하는 것 같았다. 이 길을 걸으며 드리는 한 가지 지향을 위한 묵주기도였다. 기도는 이 길의 처음부터 시작되었고 끝날 때까지 계속될 것이었다.

중세 시대 순례는 독실한 신자들에게는 신앙의 한 방편이었다.

'순례자란 무엇보다 먼저 발로 걷는 사람, 나그네를 뜻한다. 그는 여러 주일, 여러 달 동안 제집을 떠나 자기 버림과 스스로에게 자발적으로 부과한 시련을 통해서 속죄하고 어떤 장소의 위력에 접근함으로써 거듭나고자 한다. 이러한 순례는 신에 대한 항구적인 몸 바침이며 육체를 통하여 드리는 기나긴 기도다.'

－다비드 르 브르통

베수줄 성모자상의 성모마리아 얼굴은 동양인의 모습처럼 보인다.

골목 끝 꼬인 종탑이 이색적인
생 콤 돌트 성당과 운치 있는 골목

현재의 순례자는 그때와 같은 모습은 아니다. 그러나 이 길을 걷는 사람들은 일반 여행객과는 다르다. 스스로를 길 위의 고단한 나그네로 세우는 이유는 어떤 형태로든 순례라는 기도를 통해서 변화를 원하기 때문이다. 신앙적인 측면이거나 혹은 다른 것이거나.

매일 걸으며 들르는 성당에서는 사랑하는, 고마운, 기도가 필요한 사람들을 위해 촛불을 봉헌하며 기도를 이어갔다.

마을을 벗어나면 로트강이 흐른다

도로 위 순례자 그림

첫 고개를 힘겹게 올라 구름 아래 보이는 마을을 내려다봤다. 느리게만 느껴지는 작은 발걸음이 모여, 결코 짧지 않은 하나의 보이지 않는 길이 되고 풍경이 되었다. 걷지 않았던 마을과 내 두 발로 걸었던 마을은 같지만 같은 마을이 아니었다.

구름 너머 마을이 보이고

마을을 내려다보고 있는 성모상

에스팔리옹이 가까워질 즈음 길 옆 언덕 위에 유서 깊은 건물이 있다. 그 아래에는 작은 쉼터와 유네스코 안내판이 세워져 있다. 이곳에 벤치를 둔 것은 쉬면서 들어가 보라는 뜻일 것이다.

나는 길 초반 계속되는 오르막을 오르느라 일찍 지친 상태였다. 그래도

성 힐라리안 예배당L'église Saint-Hilarian

건물 앞 벤치에 배낭을 내려놓고 낡은 건물로 향했다. 그곳으로 오르는 길에
는 사람이 왕래한 흔적이 무뎌 있었다. 나는 큰 망설임 없이 포기하고 내려왔
다. 잘 모르면 무관심해지고 무관심은 무지에서 출발하는 것이다. 내 걷기는
처음도 지금도 언제나 무지한 상태 그대로다.

스페인 산티아고로 향하는 유럽의 길은 많다. 그중에서 프랑스에는 주요한 4개의 길이 있다. 그 4개의 길의 이름은 르 퓌, 파리, 베즐레, 아를길이다.

프랑스의 레지옹은 13개다. 세계문화유산으로 지정된 4개의 길은 13개의 레지옹 중에 북서부와 서부에 위치한 브르타뉴Bretagne와 페이드라루아르Pays de la Loire, 지중해에 위치한 섬 코르시카를 제외한 프랑스 전역에 걸쳐 있다. 특히나 르퓌길은 르 퓌 대성당을 비롯하여 많은 성당들과 유서 깊은 유물들을 만난다. 그 경험들은 유럽 역사에 대한 관심뿐만 아니라 종교를 접할 훌륭한 기회가 될 것이다. 또는 신에 대해 맹목적이었다면 그 뿌리와 여전히 현존하는 연유에 대한 호기심에 불이 댕겨질지도 모른다. 맹신과 믿음은 다르다. 맹신은 옳고 그름을 판단하지 못하는 것이고, 믿음은 진리를 따르는 길이다. 그러므로 이것은 매우 긍정적인 측면에서다.

에스팔리옹

11세기 생 피에르 베수줄 성당

에스탱 마을의 진입로 다리

에스탱

13일 차

Estaing – 에스페이락Espeyrac

10월 4일

이제야 밝히지만 순례가 시작되고 오래지 않아 노가 산길에서 미끄러졌고 다리를 다쳤다. 며칠 걷기를 멈추고 쉬어야 한다는 의사의 당부가 있었다. 그런 가운데서도 노는 우리와 함께 하기를 원했다. 그녀는 이런 여행이 처음이었고 도시에서 혼자 여일하며 휴식하기를 원치 않았다. 어찌 보면 순례는 참 비정한 여행이다. 다른 사람의 도움으로 시작할 수는 있어도 끝까지 가든지 중간에 포기하든지 그 과정의 마무리는 혼자서 해내야 한다. 묘안은, 우리는 걸어서 목적지까지 가고 그녀는 대중교통을 이용하여 예약된 숙소에서 기다리는 방법이었다. 포기하지 않는 한 다른 선택은 없었다.

에스페이락 가는 길의 안개 낀 목장

PART
05

콩크,
생트 푸아

14~18일 차

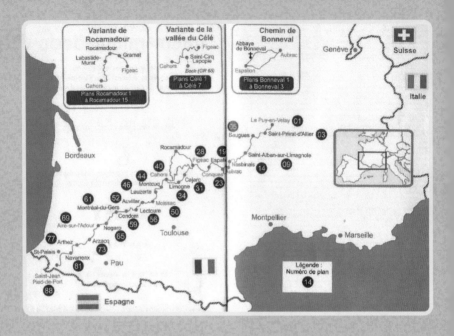

그대들이 사랑에 빠진다면 "신이 내 마음속에 계신다" 하지 말고 "내가 신의 마음속에 있다"라고 말하십시오.
또 그대들 스스로가 사랑이 향할 길을 인도할 수 있다고 생각하지 마십시오.
사랑이 그대들을 가치 있게 여긴다면 저절로 그대들의 길을 인도해줄 것입니다.

일정이 시작되고 난 이후 가장 짧은 12km를 걸었다. 이렇게 짧은 일정이 계획된 것은 콩크라는 특별한 곳 때문이었다. 순례자들 중에서 일부는 목적지가 콩크인 사람들도 많다.

감동이란 기대하지 않을 때 일어나는 반응이다. 그러나 콩크는 기대를 안고 오는 사람들조차 만족시키기 충분한 곳이었다. 마을 입구에 들어서자마자 배낭을 내릴 생각도 없이 마을 정취에 빠졌다. 계곡 사이에 돌 지붕만이 눈에 보였건만 그것만으로 충분히 알 수 있었다.

세계문화유산인 콩크는 우슈Ouche강과 두르두Dourdou강이 합류하는 계곡에 위치한다. 역사적인 이 마을에는 중세의 건축물이 잘 보존되어 있다. 아름다운 수도원 건물은 스페인의 사라센에서 도망 나온 수도사들이 8세기에 지은 예배당이다. 이후 예배당은 파괴되었고 11세기 말에서 12세기 초에 더 크고 웅장한 모습으로 재건되었다. 성당은 툴루즈와 산티아고 데 콤포스텔

콩크

라 성당에서 영감을 얻어 순례자들이 예배하기 편리하도록 설계되었다.

중세 시대 콩크는 순례자들에게 매우 중요한 곳이었다. 그들이 이곳으로 향한 중심에는 성녀 푸아(290-303)가 있다.

어린 성녀는 그리스도인을 참혹하게도 학대한 스페인 다치아누스 총독 재임 때 순교한 여인이다. 그녀의 죽음은 너무나 잔혹하여 차마 적기가 어렵다.

'성녀 푸아는 고향이었던 프랑스 아쟁Agen에서 이곳 콩크로 옮겨지면서 많은 순례자들과 십자군의 공경을 받았다. 1050년까지 전쟁 포로들이 성녀의 기도로 석방되었다고 하여 쇠사슬을 모아 성녀의 유해를 둘러 보호벽을 만들었다고 한다.

생트 푸아 대성당 팀파눔

푸아 성녀의 상본holy card에는 고기 굽는 번철, 순교자의 종려가지, 순교할 때 사용된 칼, 성녀에게 순교자의 화관을 가져다준 비둘기가 그려져 있다. 성녀의 가장 유명한 상본은 949년 콩크 수도원의 아빠스Étiennede Clermont의 명으로 유해에 놓인 그림이다. 여기에서 성녀는 순교 당시의 나이보다 약간 나이가 더 먹은 모습이고, 주 교좌에 성직자 모습으로 앉아 있다. 성녀의 눈을 파란색으로 그렸는데 예술사상 처음이다. 이 화상에 후대 순례자들이 가져다 놓은 보석으로 장식했다. 유골함은 'Majestéd'or'라고 하여 1161년Rodez 시노두스에 가져갔다.

그녀의 모습은 생트 푸아 대성당 팀파눔Tympanum '최후의 심판'에서도 그 모습을 찾을 수 있다. 성녀는 아빠스의 주 교좌 앞에 꿇고 하느님의 축복을 받는 모습이다.' –『가톨릭에 관한 모든 것』 중에서

이 팀파눔은 위아래, 좌우 세 부분으로 나누어져 있다. 중심에는 심판자

그리스도가 있다. 예수 그리스도의 오른손은 천사들의 모습이 조각된, 즉 천국을 가리키고, 왼손은 지옥을 보여준다.

우리는 수도원 숙소에 머물며 이틀을 지냈다. 여러 번의 미사에 참여했다. 콩크 성당의 미사는 약 10여 명의 사제와 수도자들이 앰뷸러토리

왼쪽은 수도원 숙소(왼쪽 보라색 창문), 오른쪽은 생트 푸아 대성당

사제의 인사와 기도로 시작되는
수도원 숙소의 아침 식사 시간

콩크 대성당 전례 미사 모습

Ambalatory를 따라 들어가는 것부터 시작되었다. 미사는 아름다운 전례(음악) 미사다. 그것은 매우 특별했다. 이 길이 끝나고 집으로 돌아가면, 아름다운 전례 미사에 참여했던 이곳이 오랫동안 잊히지 않을 것이다. 처음으로 세모난 성체에 신기해했다.

절제미의 진수를 보여주는 콩크 대성당 내부   사랑하는 사람을 위한 특별 초 봉헌

콩크 대성당과 마을의 지붕들

16일 차

이틀을 쉬고 다시 떠나는 아침은 매일 떠났던 날보다 힘들었다. 이틀 만에 편안함에 적응이 된 몸과 마음이었다.

나는 내가 젊은 건지 늙은 건지 알지 못한다. 새로운 일을 꿈꾸고 용기 내어 도전하는 걸 보면 젊은 것도 같고, 거울에 비친 모습을 보거나 친구들 대부분이 할머니 소리를 듣는 걸 보면 그렇지 않은 것도 같다. 장거리 순례를 다녀왔을 때 사람들은 말했다.

세례대와 세례 받는 예수 그리스도

"남편이 참 대단한 것 같아요!"

그 말은 '주부가 한 달 이상씩 집을 비우는데 남편이 이해하고 여행을 보내주다니'라는 속뜻이었다. 이상하게도 그들 대부분은 내가 갔다고 하지 않았다. 내 나이 오십 중반이고, 누구에게 속하지 않는 자유인인데 남편이 보내줬다고 말했다. 하긴 나도 아이들을 키우는 시기의 젊은 날에는 알지 못했다. 하루 이틀 혹은 그보다 더 긴 기간 동안 집을 비워도 가정이 무너지지 않는다는 것을. 어쩌면 가끔 자리를 비켜주는 것도 남아 있는 사람들에게 선물이라는 것을 말이다. 욕심과 타인의 시선, 물질제일주의의 열차를 놓칠까 봐 두려운 마음만 접을 수 있었다면 기회는 늘 있었다.

'나는 바람이 나를 데려가는 곳으로 어디든 갈 수 있다. 고여 있는 삶일수록 더 많은 의존성을 만들어낸다. 마치 사람들이 이미 자신을 얽어매고 있는 어떤 삶에 더욱 집착하게 되는 것처럼. 전화, 텔레비전, 컴퓨터, 담배, 술, 애완견…(인정해주는 사람들, 안락한 침대, 인공적으로 가꾼 아름다움, 다른 사람의 삶보다 우위에 있다고 느끼는 자만, 익숙한 것에 대한 인식의 정도 －저자의 추가 목록). 익숙한 삶의 테두리에서 벗어나지 않기 위해 결코 자기 자신에게서 멀리 떠나지 않는 그만큼의 이유들.'

－무사 앗사리드

'생활필수품을 마련한 다음에는 여분의 것을 더 장만하기보다는 다른 할 일이 있는 것이다. 바로 먹고사는 것을 마련하는 투박한 일에서 여가를 얻어 인생의 모험을 떠나는 것이다.'

'우리는 지금보다 더 큰 자신감을 가지고 인생을 살아도 좋을 것 같다. 우리는 자기 자신을 지나치게 돌보고 있는데 그 관심을 다른 데로 돌려도 괜찮을 것이다.'

－헨리 데이비드 소로

배낭을 짊어지고 날마다 25km 전후로 걷는 것의 무게가 새삼스러웠다. 잠시 쉬면서 생긴 생각의 무게가 더해졌기 때문이었다. 다음 날 걸어야 할 길이 30km라 오늘 일정을 늘릴 수밖에 없었다. 가이드북의 하루 일정은 거리의 비율로만 정해지는 것은 아니었다. 마을, 유적지, 역사적 가치, 숙소, 고도, 식품점, 카페, 교통이용 등 순례자들에게 필요한 것들을 고려하여 정한 거리다.

아침 식사를 하고 난 뒤에는 각자 준비가 되는 대로 길을 나섰다. 여느 날처럼 라라와 나는 노와 원보다 앞서 출발하였다. 라라와 함께 출발한다고 계

콩크를 벗어나며, 대성당 맞은편 모습

속 함께 걷는 것은 아니었다. 그래도 오늘 걷는 길 위 어디에선가 그들이 걷고 있다는 것이 큰 위안이 되는 것은 말할 것도 없었다.

콩크 쪽으로 향하고 있는 산 위의 생트 푸아 예배당

사람들은 종종 내게 물었다. 무섭지 않느냐고? 무섭다. 너무 무섭다. 그럼에도 고집스레 다시 길을 나서는 것은 낯선 길이 무섭지 않아서가 아니다. 내가 원하기 때문이다. 순례자가 된다는 것은 매 순간 용기를 내지 않으면 안 된다. 순례를 해보지 않은 사람들은 말한다. 순례는 안단테라고 아니다. 순례는 치열함이다. 매일 새로운 환경을 향해 나아가는 것은 내 삶의 주인을 찾아가는 과정과 같다. 삶을 흔드는 것으로부터의 결별을 위해서는 특별한 용기가 필요하다.

용기는 이불 속에서 내는 것이 아니다. 실행에 옮길 때 나는 것이다. 나를 힘들게 하는 것들에 매여 좌절의 시간을 견디는 것은 용기가 아니다. 그것은 익숙해질수록 나를 병들게 한다. 고통에 익숙해지는 것보다 무서운 것은 없다. 괴로움을 느끼는 것도 습관이라 한다.

익숙한 것으로부터 벗어나면 제일 먼저 찾아오는 것은 두려움이다. 그러나 생각해보면 그 두려움이 실제로 나를 헤치는 일은 없다. 자유로워지기 위해서는 고정된 시선이 옮겨져야 한다. 시선은 생각으로 움직이는 것이 아니라 몸을 움직일 때 이동한다. 그것이 여행이다. 물론 순례는 여행보다 깊은 것이다.

산 중턱 즈음에 성 푸아 예배당 건물에 도착했다. 지도에도 나오지 않는
작은 곳이다. 순례자들은 이곳에다 스페인 푸에르코 이라코 철 십자가처럼 소
원을 적은 종이와 사연이 있는 물건들을 내려놓고 기도한다. 나 역시도 이곳
에르 퓌 성당에서 받은 하얀 묵주를 기도로 내려놓았다. 24km의 일정을 소화
하기 위해서는 부지런히 걸어야 했다. 내일 일정은 28km다.

말을 잃게 하는 풍경

생트 푸아 작은 예배당에 두고 간 순례자들의 편지

17일 차

Livinhac le-Haut – 피작Figeac
10월 8일

28km의 무난한 길이었다. 먼 길을 걸을 때는 몸도 마음도 경직시키지 않는 것이 중요했다. 하루 40km도 못 걸을 것이 있을까마는 하늘 한 번 쳐다볼 여유 없이 빠른 걸음은 의미가 없었다. 아껴서 걸어도 아까운 길이었다.

가을이 깊어갈수록 안개도 짙어졌다. 안개만큼이나 확실하지 않은 것은 노의 상황이었다. 노는 여전히 자신의 짐을 비우지 못했다. 노에게 짐은 순례를 돕는 물건이 아니었다. 역으로 그녀가 물건의 노예가 되었다. 자신이 기대하고 온 이 길이 짐에 의해 좌지우지되었다.

그녀가 과거 자신의 삶 한 시기를 우리에게 이야기했다. 그것이 이해의 한 바탕이 되었으나 그것으로 그녀의 삶을 알 수는 없는 법이다. 과거의 그녀가 현재의 그녀를 붙들고 놓아주지 않는 형국이었다. 불과 얼마 전까지의 내 모습처럼… 한 사람의 방황이 한 사람의 일로 끝나지 않는 것이 사람의 일인

가을이 깊어갈수록 안개도 더 짙어졌다.

것처럼, 그 짐으로 인해 그녀뿐만 아니라 우리까지 짐에 의해 선택되는 상황에 놓였다. 그런 상황이 노에게는 심리적으로 부담이 되었을 것이다. 어젯밤 그녀는 심한 잠꼬대를 했다. 내재되어 있던 무의식이 잠꼬대로 표출되었다. 잠꼬대는 처절했다. 우리는 모두 노를 잘 돌보지 못한 탓을 자책할 수밖에 없었다.

Figeac – 로카마두르Rocamadour
10월 9일

로카마두르는 라라가 처음부터 방문하기를 희망하던 곳이었다. 그녀는 성지와 성당에 집중했다. 그것은 그녀만의 순례 방법이었다. 또한 그곳은 라라가 출발하기 전부터 내게 여러 번 이야기했던 곳이었다. 나는 일정을 벗어나 다른 곳을 방문하는 부담감을 안아야 했던 터라 솔직히 염두에 두지 않았다. 당연히 로카마두르를 피작에서 가는 줄도 몰랐다. 저녁을 먹고 나서 라라가 말했다.

"이곳 피작이 그곳으로 가는 최적의 장소인데…"

그녀는 일명 '아날로그'였다. 인터넷을 이용해서 길이나 정보를 찾는 일을 하지 못했다. 그곳까지 데려다줄 누군가가 필요했다. 그녀가 원에게 부탁하지 않았던 이유는 한 가지였다. 원이 가톨릭 신자가 아니라서 성지에 흥미를 느끼지 못할 것이라는 것. 결국 나만이 그녀를 그곳으로 데려갈 수 있었다. 나는 저녁 내내 스마트폰을 뒤져 정보를 찾았다.

〈피작에서 로카마두르 가는 방법〉

−피작에서 로카마두르까지 가는 열차

계절에 따라 열차량, 운행 시간이 다르다. 8시 전후에 첫차가 있다. 첫차 이후로 두 번째 열차 시간과의 간격이 길다. 나머지 열차는 2, 3시간 간격이다. 걸리는 시간은 40분 이내, 교통비는 9유로.

−로카마두르 기차역에서 성지까지

로카마두르 기차역에서 성지까지는 약 5km다. 걸어서 약 1시간 30분 거리다. 택시를 이용하면 10분. 역에 택시가 당연히 있을 것이라는 생각은 오산이다. 직접 전화를 하거나 역무원에게 부탁하면 된다. 걸어서 가도 된다. 로카마두르 성지에서 역으로 올 때 걸어서 왔다.

−숙소

수도원 숙소를 이용하려면 시간을 넉넉히 두고 미리 예약을 해야 한다. 이 외에 숙소도 예약이 필요하다.

−식사

로카마두르는 코뮌으로 작은 곳이다. 그러나 성지 아래 레스토랑과 카페가 많이 있다. 다만 식료품 구입은 성지 들어오기 전에 해야 한다. 성지 내에는 작은 식품점이 하나 있는데 살 만한 것이 있을지는 모르겠다. 로카마두르는 염소젖으로 만든 로카마두르 치즈로 유명한 곳이다. 레스토랑에서 그리 비싸지 않은 가격으로 프랑스식 만찬을 즐길 수 있다.

−기도

노트르담 성당은 치유의 기적이 있는 곳으로 알려져 있다. 검은 성모상이 있는 기도실 안에서 간절한 소망을 빌자.

로카마두르
성모

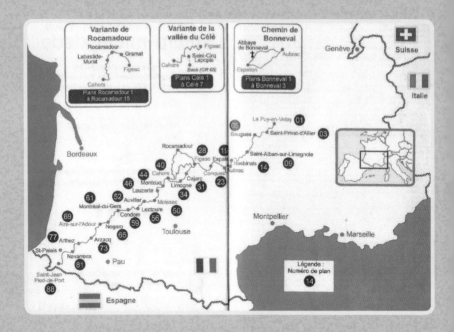

네 근심을 주님께 맡겨라. 그분께서 너를 붙들어 주시리라.

로카마두르 Ⅱ

열차 안에는 우리 일행밖에 없었다. 배낭을 내리고 콩크에서 주운 호두를 까먹었다. 어제 골목을 산책하다 툭, 툭 떨어지는 소리에 놀라 돌아보니 길 위에 호두가 여기저기 떨어져 있었다. 줍는 재미에 욕심이 좀 과했다. 이틀 동안 짬짬이 먹고도 남았다.

30분쯤 지나자 열차 안 모니터에 낯익은 지명이 표시되었다. 로카마두르였다.

"이번 역이 로카마두르 같아요. 내릴 준비 하세요!" 내가 말했다.

그 말을 듣고 일행들은 배낭을 짊어지고 내릴 준비를 했다. 얼마 지나지 않아 열차는 멈췄다. 열차가 정차하자 버튼을 눌러 조금은 성급하게 기차에서 내렸다. 그런데 분명히 로카마두르라고 했는데 역도 없고 역사도 없는 허허벌판이었다. 순간적으로, 아직 열차가 도착지에 도착한 것이 아니고 서행이나 일시 정차를 한 것이라는 생각이 들었다. 그 생각과 동시에 소리쳤다.

"다시 타요!"

역사도 없는 역에서 무언가 안심될 만한 거리를 찾던 일행들이 내 소리에 놀라 당황했다. 그사이 열차는 가려고 움직움직했다. 누군가가 재빠르게 열차 출입구 버튼을 눌렀다. 원과 노는 우왕좌왕 올라탔다. 그녀들이 타는 것을 보고 있던 라라도 타면서 급히 나를 불렀다. 동시에 열차는 출발했고 로카마두르임을 가리키는 안내판의 내용도 사라졌다.

"로카마두르 역이 맞는데… 근데 왜 역사도 없고 출구도 없는 거지?"

혼잣말로 중얼거리니 일행들도 이상했다며 거들었다. 내 성급함을 후회해도 이미 때는 늦어버렸다. 나와 일행들은 로카마두르를 지나쳤는지의 문제보다 조금 전의 엉뚱했던 상황을 즐거워하며 상황극을 되풀이했다. 때마침 젊은 역무원들이 지나갔다. 그들에게 물었다. "혹시 로카마두르가 아까 지난 역인가요?" 그렇다고 대답했다. 다시 물었다. "그럼 왜 역사도 없고 출입구도 없었나요?" 그들은 대답하지 않았다. 아니 못했다. 두 젊은 프랑스 남자들은 우리가 하는 말을 알아듣지 못했다. 하긴 그들이 말했어도 우리도 알아듣지 못했을 것이다. 정확한 사실 하나만은 분명했다. 로카마두르는 지나쳤다는 것!

역무원들은 로카마두르로 가는 방법과 시간을 알려주려고 여러 번 왔다 갔다 했다. 말이 통하지 않으니 종이와 펜이 필요해서 갔다 왔고, 시간을 확인하기 위해 또 갔다 왔다. 친절한 그들 덕분에 이후의 일정에 대한 염려가 줄었다. 결론은, 다음 역인 생 드니 레 마르텔ST Denis Près Matel 역에서 내려서 기다리다가, 오후 1시 54분 열차를 타고 15분 뒤에 로카마두르에서 내리라는 것이었다. 현재 시간은 오전 9시가 지나고 있으니 까짓것 4시간만 기다리면 되었다.

어쨌거나 생 드니 역에 도착하자 얼른 내렸다. 이 역은 로카마두르 다음 역인 셈이었다. 생 드니 역은 한가롭다 못해 횅했다. 생 드니에 내리기 전까지만 해도 긍정적인 우리들의 계획은 제법 분홍빛이었다. 전혀 계획되지 않은 낯선 동네에 내린다? 이 사실 하나만으로도 약간 흥분된 마음이 있었다.

"레스토랑에 가서 아침 겸 점심을 먹고 차를 마신 뒤 동네를 산책하다가 시간이 되면 기차를 타고 로카마두르로 가는 거야! 어때요?" 누가 말했는지 모르지만 말했다.

"좋다, 좋아!"

그러나 생 드니 역에는 그 분홍빛 계획들을 충족해줄 아무것도 없었다. 둘러봐도 텅 빈 거리와 집 몇 채가 전부였다. 작은 호텔을 발견하고 반가운 마음에 뛰어갔지만 문이 닫혀 있었다. 반대편 방향으로 걸었다. 웬걸, 여기도 집 몇 채가 전부였다. 조금 더 걸어갔다. 작은 성당과 버스 정류장이 나왔다. 정원을 돌보고 있는 주민에게 노선버스가 있는지 물었다. 현재는 없단다. 다시 돌아가서 기다려야 하나 고민하고 있을 때,

"지도로 찾아보니까 여기서 D840 도로를 따라가면 로카마두르까지 22km래?" 지도를 보며 원이 말했다.

생 드니는 로카마두르에서 북서쪽으로 22km 떨어진 곳이었다. 도로도 뉴강 줄기의 흐름과 같은 위치의 경로였다. 원은 어떤 상황과 마주쳤을 때 다른 사람이 무엇을 해주기를 기다리지 않았다. 방법을 스스로 찾았고 해결의 실마리를 제시하며 조용히 우리를 이끌곤 했다. 나는 그 생각이 괜찮은 것 같기도 그렇지 않은 것도 같아서 말했다.

"이래도 좋고 저래도 좋아요."

생 드니 역

몸이 좋지 않았지만 첫 순례인 노는 길에 관한 한 어떠한 의견도 내지 않았고 언제나 우리들의 결정에 따랐다. 라라도 선불리 결정하지 못했다. 누구도 함부로 결정할 수 있는 일은 아니었다. 이 길은 예정에 없는 길인 데다 예상할 수 없는 길이었기 때문이었다. 그렇게 결정된 것도 없는데 누가 먼저랄 것도 없이 우리 모두의 발걸음이 슬슬 로카마두르로 향하고 있었다. 이즈음 노는 몸 상태가 많이 회복되어 우리와 함께 걷는 시간이 조금씩 많아지고 있었다.

생 드니에서 로카마두르로 가는 길은 지금껏 걸어왔던 시골 마을과는 비슷한 듯 달랐다. 차도를 따라 아스팔트길을 걷는 길이지만 멋진 풍광이 있었다. 나는 어쩌면 이 선택으로 매우 멋진 경험을 하게 될 것이라는 기대가 생겼다.

다른 사람에게 폐 끼치는 것을 무척이나 싫어하는 라라는 무릎 상태가 좋은 것 같지 않았다. 말은 하지 않지만 천천히 걷는 모습으로 짐작되었다. 그 뒤로 노가 뒤따랐다. 노의 다리도 아직 완전한 상태가 아니었다. 그럼에도 누구도 적극적으로 걷지 말자는 사람은 없었다. 아무것도 없는 역에서 4시간을 기다리는 것을 선택하기도 어려운 일이었던 것이다. 우리 모두는 지독한 도보 여행자들이었다. 상습적인 도보 여행자는 길에서 죽을 수도 있다더니 틀린 말이 아니었다.

찻길임에도 주변 풍경이 좋았다. 큰 도로라고 해도 프랑스 시골길이라 차가 많지는 않았다. 정해진 길이 아니라 새로운 길을 개척하고 있다는 은근한 도취감도 있었다. 혼자라면 시도하기 어려웠겠지만 함께이기에 가능했다.

하늘은 구름 한 점 없이 맑았다. 그런데 그것이 오히려 시간이 지날수록 걷기 어려운 환경으로 작용했다. 아스팔트를 계속 걷는 일은 생각했던 것보다 지루하고 힘들었다. 발바닥이 화끈거리면서 물집이 생길 것 같았다. 무릎에도 이상이 감지되었다. 노는 점점 뒤처졌다. 정해진 일정대로라면 숙소에서 만나면 되겠지만 여기서는 그럴 수 없었다.

백조가 한가로이 유영하는 물 가운데 집

도르도뉴강과 주변 풍경

나는 이번 순례를 시작하기 전에 나름의 기준을 정했다.

─무서운 일에 처하지 않게 미리 조심하자. 만약에 생긴다면 운명에 맡기자!

─몸에 이상이 생길 때는 무리하지 말자!

─결정할 일이 있으면 주저 말고 한 가지만 선택하자! 그 선택의 책임은 내게 있다.

─과정에서 행복하자!

─많은 도움을 받았으니 도움을 주는 사람이 되자!

10km쯤 걸었다. 더 이상 걷는 것은 무리였다. 오늘 욕심을 내면 내일을 약속할 수 없었다. 시원한 풍광의 Gluges 다리를 지나 오르막이 시작되었다. 나는 그 오르막의 정점에서 오늘의 걷기는 일단락 짓기로 마음먹었다. 그 사실을 일행들에게 알렸다. 계속 걸어갈 사람은 걷고 나와 동행할 사람이 있다면 그렇게 할 참이었다. 원은 D840길 말고 숲길을 따라 계속 걷고 싶어 했다. 이미 지쳐버린 나는 안타깝게도 그 말이 들리지 않았다.

언덕 꼭대기에는 Montvalent 마을이 있었다. 마을에 있는 카페는 계절적 요인으로 문을 닫은 상태였다. 카페 앞에서 서성거리고 있으니 안채에서 주인이 나왔다. 주인은 지친 모습을 한 우리를 보고 물이 필요하냐고 물었다. 그렇다고 대답했다. 그는 시원한 물을 두 번씩이나 가지고 왔다. 그 역시 산티아고 데 콤포스텔라까지 순례를 했었다고 말했다. 그래서 우리가 필요한 것이 무엇인지 알고 있었던 것이었다. 스위스, 이탈리아, 프랑스, 스페인, 포르투갈, 영국 혹은 더 먼 곳 오스트리아, 독일 같은 유럽의 어떤 사람들은 자신의 집 앞에서 순례를 시작하는 경우가 있다. 그도 역시 자신의 집 앞에서 순례를 시작했을

언덕 꼭대기 | Montvalent 마을

것이다.

　원과 노가 그와 함께 이야기하고 있는 동안에 나는 히치하이킹을 시도할 생각을 했다. 그러는 사이 노가 그에게 택시를 좀 불러달라고 청하는 것 같았다. 평일에도 예약 없이 택시 부르기가 어려운데 일요일에 갑자기 택시를 부르는 것은, 차라리 하늘의 별을 따는 것이 쉬운 일일 것이다. 히치하이킹! 방법은 그것밖에 없었다. 나는 엉망진창인 머리 모양도 다듬고 옷매무새도 가다듬었다. 배낭도 깨끗해 보이기 위해서 반듯하게 놓았다. 지저분한 느낌을 주지 않기 위해서였다. 몇 분을 기다리자 승용차 한 대가 지나갔다. 엄지손가락을 치켜들고 방향을 가리키며 손을 흔들었다. 첫 차는 무심히 지나갔다. 다시 기다렸다. 두 번째 차가 왔다. 똑같은 모양으로 손을 흔들었다. 또 지나갔다. 전세를 가다듬고 다시 시작하려고 하는데 두 번째로 지나쳤던 승용차가 되돌아와서 내 앞에 섰다. 나는 자세를 낮추고 미소를 머금은 채

"로카마두르 실부쁠레s'ilvousplaît!"라고 외쳤다. 안타깝게도 그 차는 다른 방향으로 가는 차였다. 같은 방향이면 태워주려고 다시 왔단다. 태워주지 못하는 것을 미안해하며 그는 떠났다. 다시 자동차를 기다리는데 카페주인과 계속 이야기를 나누던 원과 노가 우리를 불렀다.

"레아, 라라, 이분이 자동차로 우리를 태워주신데!"

오, 마이 갓!

로카마두르까지 남은 거리는 12−13km였지만 예상외로 자동차로 한참을 달렸다. 로카마두르 성지가 눈앞에 펼쳐지는가 싶더니 마주 보이는 언덕에

로카마두르 성지가 있는 마을

우리를 내리게 했다. 구경을 하며 사진을 찍으라는 깊은 뜻이 있었다. 반대편에서 보이는 로카마두르의 모습은 장관이었다.

그러나 미안한 마음에 사진을 찍는 둥 마는 둥 하고 다시 차에 올랐다. 그는 곧장 우리를 성지 안 성당까지 태우고 들어갔다. 숙소를 잡아야 했기 때문이었다.

인기가 좋은 성지 내 순례자숙소는 일찍이 예약이 끝난 상태였다. 다른 대부분의 숙소도 예약이 찬 상태였다. 우리들의 천사는 숙소 예약을 위해 수도원 안으로 왔다 갔다 하며 사람들과 이야기하고 이곳저곳에다 전화를 걸었다. 수도원의 봉사자도 숙소 찾기를 도왔다. 원과 노는 그의 노고를 곁에서 함께하는 것으로 감사의 표현을 했다. 나는 미안한 마음에 상황을 회피하기 위해 멀찍이 떨어져 있었다. 신세를 져야 할 때 잘 지는 것이 멋진 모습이라고 생각은 하지만 나는 늘 그것이 부족하다. '신세를 잘 지는 모습'을 보여주는 원과 노의 모습을, 그들에 비해 젊은 나와 라라는 멀리서 지켜보았다. 천사의 갖은 노고로 숙소가 정해졌다.

그의 도움은 숙소 예약으로도 끝나지 않았다. 우리와 함께 숙소까지 갔다. 내리막으로 된 14처의 십자가의 길을 걸으면서, 중세의 순례자들은 이 십자가의 길을 무릎을 꿇고 기어가며 기도한 곳이라는 이야기부터, 데파르트망인 로카마두르 지역의 염소젖 로카마두르 치즈며, 마을에 하나밖에 없는 식품점, 훌륭한 지역 레스토랑에 대해서 알려주었다.

스페인 순례길에서도 그랬고 이곳 프랑스 르퓌길에서도 마찬가지였다. 유적과 전원의 풍경이 아름답지만 사람만큼 아름다운 것은 없었다. 그런데 나는 그것을 알면서도 잊고 살 때가 많다. 그러다 순례길 위에 서면 다시 떠올린다. 그 아름다운 사람들 속에 내가 포함될 수 있기를 기도한다.

순례 후 처음으로 갖는 1인용 방이었다. 화장실을 마음대로 들락거려도 되고, 잠꼬대와 코골이의 콤보도 가능했다. 자다가 일어나 딴짓을 해도 괜찮은 1인용이었다. 2평짜리 1인용의 행복은 정말이지 엄청났다.

로카마두르 생 쇼뵈르 바실리카/(절벽 위) 성당을 보호하기 위한 성체의 일부

　　로카마두르는 절벽의 뜻인
로카와 아마토르의 이름에서 유
래되었다. 약 120m의 석회암 절
벽 위에 있는 중세 마을이다. 1166
년 이곳에서 고대 무덤이 발견되
었다. 무덤 속 유골에 대한 신원은

아마토르의 무덤

밝혀지지 않았으며 수행자로 추정되었다. 수행자의 신원에 대해서는 몇 가지
설이 있다.

　　십자가를 지고 골고다 언덕을 오르는 예수의 얼굴을 닦아드린 전승 속 성
녀 베로니카의 남편 사케오라는 설과, 성인 아마토르라는 설, 신원이 확인되
지 않는 수행자라는 설들이다. 이곳은 무덤이 발견된 이후 사람들에게 알려지
기 시작했다. 여러 번의 전쟁과 프랑스 혁명으로 폐허가 되다시피 했다가 19

롤랑의 부러진 검 듀란달   기도실 입구 벽화

세기 중반 카오르Cahors 주교에 의해 재건되었다.

노트르담 성당의 검은 성모상은 성인 아마토르가 성지에서 가져왔거나 직접 깎아서 만든 것으로 알려져 있다. 특별히 이곳에는 병 고침의 기적이 많이 일어나 귀족들의 방문이 잦았다. 그 외에도 롤랑의 명검 듀란달의 부러진 칼과 성직자들의 순례자 벽화 등이 있다. 나는 이런 여러 상황들을 구체적으로 알지 못했다. 늘 그렇듯 내 여행의 정보는 고작 어떻게 그곳을 찾아갈까에 머물렀다. 천사의 도움으로 도착한 로카마두르의 첫인상은 멋진 곳이었다. 성지이기 전에 석회암 절벽에 세워진 마을 분위기가 그랬다.

중앙 계단을 따라 오른 곳은 바실리카 생 쇼뵈르Basilique Saint Sauveur 내 검은 성모상이 있는 기도실이었다.

기도실에 발을 들여놓자마자 무엇인가가 몸에 부딪쳐 왔다. 어, 뭐지? 하는 생각이 순간 들었다. 분명히 공기와는 구별되는 뭔가 무게 있는 것이었다. 붉은빛이 감도는 빛 때문이 아니었다. 기도 초의 열기 때문도 아니었다. 그런 것과는 다른 새로운 것이라는 것만은 확실했다. 다만 구체적으로 무엇인지는 알 수 없었다. 또 깊이 생각지도 않았다.

나는 이 순례 처음부터 시작된 기도를 마음에 품고 늘 그랬듯 초를 봉헌했다. 그리고 검은 성모 가장 가까운 의자에 앉아 그분의 눈―나는 눈을 봤다고 생각하지만 실제로 눈은 보이지 않았다―을 바라보았다. 그렇게 바라본 것은 처음이었다. 그리고 기도했다. 그때까지 내 기도는

로카마두르 바실리카 생 쇼뵈르 기도실

한결같은 제목이었다. 이 길을 나서기 전부터 준비했고 한 걸음 한 걸음 걸을 때도 잊지 않았으며, 새벽마다 묵주기도로 간절함을 담았다.

이 기도 중에 처음 이곳에 들어설 때와 비슷한 그러나 그보다 훨씬 더 강한 무엇인가가 내 몸을 감싸는 것을 느꼈다. 무게감이 느껴졌지만 안개같이 습한 것도 아니었다. 내 몸 주위가 아니라 내 몸을 아주 밀착되게 싸고 있었기 때문에 그것과 내 몸 사이에는 어떤 틈도 없었다. 그렇다고 옥죄는 느낌이 드는 것도 아니었다. 공중에 떠 있듯이 둥근 형체가 나를 감싸고 있음을 내가 알 수 있었고 말할 수 없이 편안했다. 나는 그 상황을 뚜렷이 인식했다. 그럼에도 놀라는 마음이 들지 않고 차분한 가운데서 끝까지 기도를 마칠 수 있었다.

기도가 끝나자 내 마음은 어둡고 무거운 것으로부터 벗어났음을 저절로

알게 되었다. 내가 일부러 그렇게 생각한 것이 아니었다. 오랜 시간 기도하던 것을 이제 그만 내려놓아도 된다는 것이 그냥 느껴졌다. 내 고집대로 계속할 이유를 찾지 못했다. 기도가 끝나고 눈을 떠 한참을 보이지 않는 눈을 바라보며 감사를 드렸다. 나는 내가 매우 가벼워졌음을 알게 되었다.

로카마두르에 있는 하나뿐인 상점

로카마두르 역으로 걸어가는 길

로카마두르 역

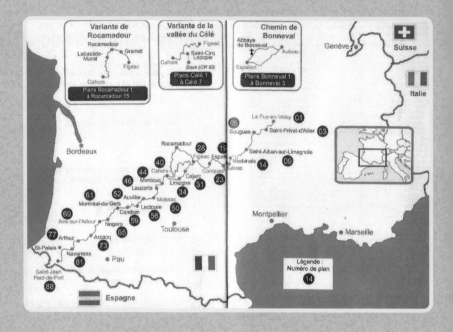

그대들 내면의 목소리가 그의 내면의 귀에 속삭이도록 하십시오. 그의 영혼은 그대들 마음의 진실을 영원히 간직할 것입니다. 마치 포도주의 빛깔은 지워지고 포도주를 담은 잔이 더 이상 기억되지 않는다 하여도, 그 맛은 절대 잊지 못하는 것처럼.

19일 차

Rocamadour-카오르Cahors
10월 10일

그 일 이후로 두 번이나 더 기도실에 들렀다. 어제와 같은 신기한 현상을 다시 경험하고 싶어서였다. 그러나 그런 일은 더 이상 일어나지 않았다. 몸으로 느껴지는 무게감 그런 것도 전혀 없었다.

도로와 산책길을 따라 5km를 걸어 로카마두르 기차역에 도착했다. 열차는 브리즈Brise에서 한 번 환승하여 약2시간 10분 만에 카오르에 도착했다.

카오르는 말벡이라는 포도 품종이 유명한 블랙와인 산지다. 카오르의 블랙와인은 타닌 성분이 강하지만 충분한 에이징Aging 과정을 거쳐 강하면서도 깊고 부드러운 풍미가 있다. 이 품종은 기원전 1세기에 로마인에 의해 재배되기 시작하여 중세 시대 이 지방 경제에 큰 이바지를 했다. 그러나 19세기 후반에 병충해에 감염되어 옛 영화를 잃어버렸다가 꾸준한 노력으로 1971년 '카오르AOC' 등급을 얻었다.

숙소를 찾아가며 어젯밤 일을 생각했다. 어젯밤에는 원의 생일 파티를 하며 와인을 과음했었다. 나는 이 길에서 와인의 은근한 제안을 거절했었다. 몸이 피로한 상태에서 알코올까지 섭취하면 이 길을 무사히 마칠 수 있을까 염려해서였다. 그러나 어제만큼은 그런 모든 것들을 벗고 온전히 로컬와인에 취했다. 우연치고는 참 절묘한 장소에서 생일을 맞은 원을 축하하는 자리였기도 했고 내 기분이 달라진 탓도 있었다.

카오르

다시 도보 순례자로 돌아왔다. 8시가 되자 순례자들이 하나둘씩 지트를 떠났다. 나의 일행들도 먼저 길을 나섰다. 나는 마지막에 혼자 출발했다. 원래의 경로는 로트Lot강 위에 있는 발랑트레 다리 위를 걷는 코스였다. 나는 로트강 다리 위를 걷지 않고 다리를 바라보며 걷는 길을 택했다. 시내로 가로질러 간다는 일행들을 따르지 않고 더 긴 코스를 선택했다. 그런데 그 길에는 길 표시가 없었다. 한참을 헤매다 물어물어 겨우 길을 찾았다.

세계문화유산인 발랑트레 다리는 14세기에 지어졌다. 백년전쟁(1337-1453)과 종교전쟁(1562-1598) 중에도 굳건히 남았다. 죽기 전에 꼭 보아야 할 건축물이라고 한다.

1378년 완성된 카오르 발랑트레 다리|Pont Valentré

다리 위에는 40m 높이의 3층짜리 3개의 탑이 있다. 그중 양쪽의 탑들은 공격자들을 방어하며 대응할 수 있도록 설계되었다. 중앙의 탑은 감시 초소였다. 중앙 탑 꼭대기 한 면에는 1879년 이 다리를 수리한 건축가 폴 구트가 만든 작은 악마의 조각상이 있다. 그 조각상을 만들고 난 뒤부터는 전설로 내려오던 남자와 악마의 싸움이 끝이 났다고 하는 재밌는 이야기가 있다.

전설은 이러하다. 다리 공사를 책임진 한 남자는 공사 중에 다리가 무너지고 또 홍수로 부서지면서 공사기간이 예상보다 길어지자 악마에게 영혼을 파는 조건으로 도움을 요청했다. 이후 공사는 사고 없이 잘 진행되어 완공이 눈앞에 다가왔다. 영혼을 넘기기 싫은 남자는 악마에게 불가능한 과제를 내주었다. 악마는 그 속임수에 대한 복수로 중앙 탑 한쪽 모서리 부분을 매일 무너트렸다. 악마가 무너트린 그 부분은 거듭된 보수에도 소용이 없었다. 매일 밤 악마가 무너트리기 때문이었다. 1879년 폴 구트가 다리를 수리하면서 그곳에 자그마한 악마의 조각상을 완성하였는데 그 이후로는 더 이상 부서지지 않았다고 한다. 그 이유는 악마가 볼 때는 다른 악마가 무너트리고 있는 것으로 보였기 때문이란다.

발랑트레 다리를 뒤로하고 가파른 산을 잠깐 오르면 이런 곳에 이런 길이 있을까 싶은 만큼 평평한 길이 시작되었다. 하늘에는 구름이 길게 이부자리를 폈다. 그 끝에서 해가 비쳤다. 산은 구름에 눌려 고요히 숨죽였다. 이상하게도 혼자 넘는 산에서 처음으로 두려움보다는 평안함이 찾아왔다.

카오르를 벗어나 처음 맞이하는 산

가을 속으로 들어와 걷기 이전에는 한겨울에 혹은 무더운 여름에 장거리 순례를 떠나는 사람을 이해하지 못했다. 무모하다고 생각했다. 그런데 겨울에 한번 걸어볼까 하는 생각이 들었다. 쓸쓸한 계절이라고만 생각했던 가을이 이토록 아름다우니 말이다. 사람이란 언제나 그렇다. 그 입장이 되어보지 않는 한 절대로 알지 못하는 것들에 대해서 함부로 판단한다.

2014년 4월 16일. 국민 모두를 깊은 수심에 빠지게 한 '세월호' 사건. 사건 발생 초기에는 모두 한마음으로 그 어이없는 참담함 앞에 망연자실했다. 적어도 사건 이후에는 유가족들을 아프게 하는 일이 없어야 한다고 소리 높였다. 그러나 사건의 진실은 바다 아래 가라앉은 세월호보다 더 깊이 가라앉았고 무수한 추측만 파도처럼 출렁거리는 시간이 길어졌다. 미디어는 비슷비슷한 뉴스와 고만고만한 정보를 수도 없이 되풀이하여 우리 귀를 무의식중에 익숙하게 만들었다. 그렇게 진실과 거짓의 경계가 희미해져 가는 동안 사건을 대하는 마음은 지루해졌다. 그 참담한 일은 일상에 묻혀 잊혀갔다. 아니 잊힌 것이 아니라 잊고 싶었다. 드러내어 헤집을수록 마주하기 불편했다. 너무도 비참한 사건이었다. 그러면서도 그대로 잘 해결되기를 바랐다. 나는 외면하면서 해결은 잘 되었으면 하는 이기의 끝까지 갔다. 적어도 그들의 고통을 온전히 함께하지는 못해도 기억하고 진실이 밝혀지도록 응원해야 했던 것이다.

내가 다니는 성당에서도 주임사제의 주관 아래 요일을 정해 광화문미사를 가곤 했다. 그러나 나는 한 번도 참석하지 않았다. 그들의 상처를, 고통을 함께할 만큼 마음자리가 튼튼하지 못함을 알기 때문이었다.

언젠가부터 나는 외부로부터 휘둘리지 않기 위해 큰일이건 작은 일이건 침묵을 선택했다. 침묵이 값질 때도 있지만 동시에 가장 비겁한 방법이기도 하다. 내가 침묵을 선택하는 것은 후자다. 침묵하는 동안만큼은 누구에게 휘둘려 상처받을 일도, 내 것을 빼앗길 일도 없다고 생각해서다. 그보다 더 큰 이유는 내가 무엇을 선택하여 주장할 입장에 있지 않다고 생각하기 때문이다.

'우리가 타인의 내부로 온전히 들어갈 수 없다면, 일단 그 바깥에서 보는 게 맞는 순서일지도 모른다는 거였다.' 그 '바깥'에 서느라 때론 다리가 후들거리고 또 얼굴이 빨개져도 우선 서 보기라도 하는 게 맞을 것 같았다. 그러나 '이해'란 타인 안으로 들어가 그의 내면과 만나고, 영혼을 훤히 들여다보는 일이 아니라, 타인의 몸 바깥에 선 자신의 무지를 겸손하게 인정하고, 그 차이를 통렬하게 실감해나가는 과정일지 몰랐다. 그렇게 조금씩 '바깥의 폭'을 좁혀가며 '밖'을 '옆'으로 만드는 일이 아닐까 싶었다.

'뭔가를 자주 보고, 듣고, 접했단 이유로 타인을 쉽게 '안다'고 해선 안 되는 이유도, 누군가의 고통에 공감하는 것과 불행을 구경하는 것을 구분하고, 악수와 약탈을 구별해야 하는 까닭도 그와 다르지 않을 것이다.'

— 김애란

'마음이 아픈 이에게 노래를 불러 대는 자는 추운 날에 옷을 벗기는 자와 같고 상처에 식초를 끼얹는 자와 같다.'

— 잠언 25:20

순례자의 뒷모습이 아름다운 것은
자연에 순응하며 자신의 짐을 지고
묵묵히 한 걸음씩 내딛기 때문이다.

아픈 아내를 위해 누울 자리를 마련해주며 일광욕을 하며 걷던 순례자 부부

예쁜 엽서를 연상하게 하는 집

Montucq – 로제르트Louzerte

10월 13일

멀리 언덕 위 보이는 로제르트

오베르뉴 고원지대를 벗어난 이후 길은 평탄하게 이어지다가 마지막 구간이 오르막이었다. 오르막을 오르기 바로 전에 마트에서 필요한 것들을 구입할까 하다가 그냥 갔다. 조금의 무게도 더하고 싶지 않았다.

길을 떠나오기 전에 배낭을 싸는 데만 꼬박 한 달이 걸렸다. 물론 날마다 배낭만 싸는 것은 아니지만 시간을 두고 점검했다. 넣고 무게를 재고 덜어내고, 덜어내고 또 재고. 40일 동안 내게 필요한 모든 무게는 디지털 카메라 포함해서 5.5kg. 처음 스페인 산티아고 배낭 무게의 반 정도였다. 만약이라는, 미래에 대한 염려를 접었기 때문이었다. 이번에는 입은 옷과 갈아입을 옷 한 벌씩이었지만 다음에는 입은 옷 그대로도 가능할 것 같았다. 상당한 용기가 필요하겠지만. 두 번의 장거리 순례는 배낭의 무게만 가볍게 한 것은 아니었다. 보이지는 않지만 언제나 존재했던 마음속 무게도 가볍게 했다. 내려놓았기 때문이 아니라 인정했기 때문이었다.

숙소에 도착한 뒤에 마트에 갔다. 삶아놓은 새우, 즉석 샐러드, 중국식 만두, 김밥 닮은 김밥 등 요리과정을 거치지 않고도 쉽게 먹을 것들이 많았다.

이즈음 나와 일행들은 음식을 해 먹기도 하고 걷는 중에 운 좋게 레스토랑을 만나면 점심을 사 먹었다. 저녁은 되도록이면 간단히 먹었다. 저녁을 먹고 침대에 너부러져 뒹굴뒹굴하고 있는데 한 여성이 다가와서 말했다.

'미안한데, 내가 저녁 먹고 돌아왔을 때 이걸 좀 발라줄 수 있을까?'

내가 그녀의 몸짓과 표정과 단어로 해석한 말이다. 어깨를 가리키며 연고를 내민다. 물론이지라고 대답했다. 그녀는 밝은 표정으로 저녁을 먹으러 나갔다. 그런데 금방 오려니 한 그녀는 기다려도 돌아오지 않았다. 그들의 식사 시간이 긴 것을 잠시 잊었다. 하는 수 없이 안대와 귀마개를 하고 잠을 청했다. 그런데 연고를 발라주겠노라 약속해놓은 터라 편하게 잠이 오지 않았다. 그때 누군가 주위를 맴도는 느낌이었다. 안대를 벗으니 그녀가 내 주위를 서성거렸다. 방 안에 있는 다른 사람에게 부탁해도 되었으련만 나는 또 그것이 기분 나쁘지 않았다. 그녀가 윗옷을 벗고 등을 내게 맡겼다. 연고를 받아 들고 아픈 곳을 골고루 발라주었다. 약간의 마사지도 해주었다. 그녀는 매우 고마워하며 나도 발라주겠다고 했지만 사양했다. 어깨도 아프지 않았지만 솔직하게 고백하면 웃통을 벗고 그녀에게 맡길 만큼의 배짱이 없었다. 그녀의 이름은 베호니크Veronique. 자신을 베호Vero라 부르라고 했다. 그녀와 나의 인연의 시작이었다.

식수 가능 표시: 이시 오 포타블 Ici(여기)eau(물) potable(마실 수 있는)

아침에 일어나니 베호도 일어나 준비하고 있었다. 한국어는 못하고 영어도 잘 못하는 그녀, 프랑스어를 못하고 영어는 조금 하는 나, 우리 둘은 용케도 이야기를 주고받았다. 둘의 사용 언어가 영어였는지 프랑스어였는지 기억에 없다. 소통은 입으로 나오는 말만으로 하는 것은 아니니까.

목소리의 높고 낮음, 호흡, 태도, 눈빛, 손짓, 행동 등이 어울려 전달되는 하모니 같은 것이다. 그래서 여행을 하는 많은 사람들 특히나 장거리 순례를 한 사람들은, 실제로 할 수 있는 언어의 능력보다 만나는 사람들과 더 많은 이야기를 나눈 것으로 생각한다. 결코 착각이 아니다. 도시에서는 그런 하모니로는 소통이 불가능하다.

아침을 먹으며 원이 다시 날씨 예보를 보고 말했다.

"오늘 비 올 확률 80%. 신발이랑 옷이 다 젖을 텐데 우리 택시 타고 이동하는 거 어때?"

나와 일행들은 초반에 폭우로 인해 큰 어려움을 겪었다. 그런데 나는 걷고 싶었다. 날마다 걷고 있는데도 자꾸 부족한 기분이 들었다.

"나는 그냥 갈게요. 언니들과 라라는 택시를 타고 오세요."

"비 오는 날 혼자는 위험해!" 원이 말했다.

"함께 갈 사람이 있는지 보고 올게요."

몇몇의 순례자들은 벌써 떠났고 베호가 막 떠나려고 신발을 신고 있었다.

"베호, 너 혼자 가니? 내가 너와 같이 가도 되겠어? 내 친구들은 오늘은 택시를 탈 거야."

무척 반기는 눈치였다. 내 배낭은 택시로 이동하는 일행들에게 맡겼다. 나는 그녀와 함께 일행들보다 먼저 출발했다.

가을비를 맞으며 들판을 걸어가는 베호

어젯밤의 일은 그녀와 나 사이를 가깝게 했다. 그녀는 내게 깊은 호의를 보였다. 나 역시 그녀와 함께 걷게 되어 안심이 되었다. 그녀는 걷는 도중 이것 저것 설명했다. 우리는 말하는 동안만큼은 걷지 않았다. 둘 다 멈춰서 서로 마주 보다가 말이 끝나면 다시 걸었다.

"길가에 있는 저 사과는 주인이 수확하지 않아. 먹어도 돼."

"정말? 나는 지금까지 먹고 싶은 것을 참았어."

"전혀, 이제 즐겨."

"그런데 왜 수확 안 해?"

"일할 사람이 없어서."

다시 걷다가 길에서 조금 떨어진 밭을 보면서

"프휜proune."

"푸룬?"

"잠깐만 기다려."

성큼성큼 밭으로 가더니 매달린 과일을 따지 않았다. 떨어진 과일을 주워서 쓱, 닦은 뒤 입으로 가져갔다. 만족스러운 표정을 지었다. 몇 개 더 줍더니 가져와서 먹으라고 했다. 검자줏빛 마른 자두였다. 나는 푸룬 주스는 가끔 먹지만, 마른 것도 안 마른 것도 아닌 자두 과육은 좋아하지 않았다. 더 솔직히 말하면 확인되지 않는 먹거리를 시험 삼아 먹는 것을 정말 좋아하지 않았다. 내 태도를 보고 눈치를 챘는지 한 번 더 내밀었다. 하는 수 없이 어색한 웃음을 지으며 베어 물었다. 그런데 마트에서 사 먹을 때의 맛이 아니었다. 엄청 달고 맛있었다. 그녀가 나를 보며 '맛있지?' 라는 표정을 지었다. 더 먹고 싶었다. 그런데 폼 안 나게 뛰어가서 다시 주워 오기는 싫었다. 나중에 쓸데없는 폼 잡다가

길가에 열려 있는 사과를 따서 주려고 기다리는 베호

그 맛난 것을 못 먹은 것을 후회했다. 그뿐만 아니다. 물이 바뀌어서 열흘 가까이 변비로 고생한 내게 꼭 필요한 것이었다는 것을 그때는 생각하지 못했다.

베호는 장거리 순례가 처음이었다. 기간을 정하지 않고 걷는 중이었다. 우리처럼 프랑스 르 퓌에서 시작했고 스페인 산티아고 데 콤포스텔라까지 1,800km를 걸을 것이었다. 그녀는 건강이 좋지 않았다. 담배 때문이었다. 그 이유로 의사가 이 길을 권했단다. 그럼에도 이 길을 걸으며 여전히 담배를 피우고 있었다. 그녀가 웃으며 들려준 자기 이야기였다.

많은 양의 비는 아니지만 쉼 없이 내렸다. 걷기에 나쁘지는 않았다. 그러나 산속이나 집이 없는 길은 으스스했다. 그녀는 걸음이 빨랐다. 나는 서두르지 않았다. 우리 사이가 멀어진다 싶으면 그녀가 기다렸다. 점심 무렵이 되었

오른쪽 끝이 친절한 주인이 운영하는 호텔

을 때다. 그녀가 어느 집 안으로 들어갔다. 그곳에는 아침에 우리보다 앞서 갔던 순례자 둘이 차를 마시고 있었다. 카페나 레스토랑이 전혀 없을 것이라 생각했었는데 기대하지 않았던 곳에서 차를 마실 수 있었다. 가족호텔이었다. 친절한 주인이라고 말하는 것을 봐서는 가이드북에 소개가 된 집인 것 같다. 호텔은 아담하고 잘 정돈된 곳이었다. 호텔 입구에는 손님을 위한 소파가 놓여 있었다. 우리는 비에 젖어 물이 뚝뚝 떨어지는 비옷과 빗길에 엉망이 된 신발을 신고 있는 상태라 소파에 앉을 상황이 아니었다. 그럼에도 우아한 여주인은 그런 것들을 아랑곳하지 않고 앉아서 편히 쉬라고 했다. 원한다면 실내로 들어와서 가져온 점심을 먹어도 좋다고도 했다.

우리는 달랑 차 한 잔씩을 시키고 실내로 들어가서 도시락으로 사온 빵과

간식과 차를 마신 호텔 식당

치즈, 과일을 먹었다. 여주인은 떠나는 우리들의 물병에 물까지 채워주었다. 그 상냥함과 따뜻함을 어찌 잊겠는가. 어떻게 순례길을 다시 걷고 싶지 않겠는가.

점심과 차를 마시고 일어서려는데 원과 라라가 밖에서 서성이는 모습이 보였다. 얼른 문을 열고 그들을 불렀다. 그들은 택시를 타지 않고 처음부터 걸어왔다고 했다. 아무도 따라오는 사람이 없었는데 갑자기 나타나 걸어왔다고 하는 그들의 말에 속아주는 척했다. 어쨌든 다시 만나 반가웠다. 그러나 그 순간 나는 베호의 실망하는 얼굴을 봤다. 나는 일행에게 양해를 구했다.

"언니, 오늘은 베호와 처음부터 함께 시작했으니 끝날 때까지 같이 하고 싶은데 괜찮겠죠?"

그들은 내가 구하는 양해에 동의해주었다.

"베호, 오늘 나는 너의 친구야. 함께 가자."

그녀는 곧 명랑한 모습이 되었다. 일행들과 헤어지고 베호와 다시 길을 걷기 시작했다. 길을 걸으며 기회가 주어질 때마다 그녀는 내게 알려주었다. 저 옥수수는 사료용 옥수수이기 때문에 일반 옥수수와는 다르며, 포도밭의 청포도는 단지 와인용라는 이야기 등.

걸음이 빠른 베호가 앞서 걷게 되고 나는 내 방식대로 즐기며 그 뒤를 따랐다. 비 오는 가을 들판 한가운데를 걷는 순례자의 뒷모습은 아름다웠다. 사진을 찍고 싶었다. 디지털 카메라는 배낭에 넣어서 택시로 보냈다. 아쉬움에 핸드폰으로 사진을 몇 장 찍었다. 그런데 빗물 때문에 손이 미끄러워 핸드폰을 떨어뜨렸다. 오, 세상에! 액정이 깨져버렸다. 스캔한 가이드북이며, 일정표, 오프라인 지도, 연락처, 급할 때 사용할 프랑스어 문장들까지 그 안에 다 들어 있었다. 길 찾기며 숙소 정보들은 어떡하지? 여러 가지 생각이 들었다. 생각할수록 난감했지만 이미 엎질러진 물이었다. 껐다가 다시 켜면 좋아질 수도 있을까 해서 다시 켜기를 반복했다. 윙윙 불안한 소음과 불규칙한 진동만 반복됐다. 금세라도 터질 것 같아서 전원을 꺼야만 했다. 이런 사정을 알 리가 없는 베호는 너무 멀리 떨어진 내게 서둘러 오라고 손을 흔들었다. 부서진 핸드폰과 당황스러운 내 마음은 일단 비옷 주머니 속으로 넣었다. 그녀에게 핸드폰 이야기를 하지 않았고 함께 다시 걸었다. 지나는 사람은 없었지만 서로 망을 봐주며 노상방뇨도 한 번씩 하고, 허름한 카페에 들어가 잠자는 주인을 깨워 커피도 마시며 무아사크 입구까지 약 8시간 만에 도착했다.

무아사크는 도시 외곽에서 중심까지의 거리가 멀었다. 베호가 사람들에게 물어가며 숙소를 찾아가는 동안 나는 그녀의 뒤를 부지런히 뒤따랐다. 우

무아사크 성 베드로 성당

리의 숙소는 유서 깊은 무아사크 수도원을 지나 있었다. 나는 숙소에 도착 후 고장 난 핸드폰을 만지작거리다가 수도원 방문 시간을 놓치고 말았다. 안타까운 일이었다.

무아사크 수도원은 성 아만도Amandus가 7세기에 세운 옛 베네딕트 수도원이다. 사라센인들과 헝가리인들, 노르만인들에게 파괴와 약탈을 당했으나 툴루즈의 일부 귀족들에 의해 재건되었다. 1047년 클루니Cluny 수도원에 속하면서 수도자 수가 한때 천 명을 넘길 만큼 번영했다. 중세기 말 아빠스(대수도원장)를 평신도에게 위임하는 제도로 인해 기울기 시작하다가 1790년 폐쇄되었다. 현재 성 베드로 성당으로 사용하고 있으며 1998년 프랑스 산티아고 가는 길의 세계문화유산이다.

PART

08

이별

24~25일 차

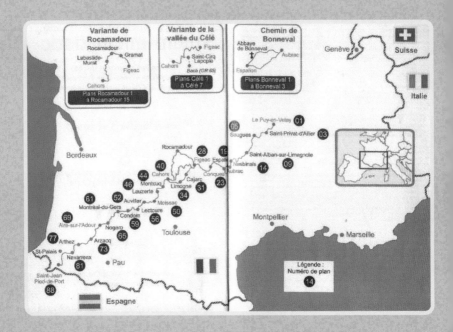

우리 나그네들은 외로운 길을 찾아 떠나기에, 하루를 마친 곳에서 새날을 맞지 않습니다.

무아사크 광장에는 아침 시장이 섰다. 시장을 구경하며 무화과 열매와 홈 메이드 도넛을 몇 개 구입하여 나누어 먹고, 오빌라를 향하여 가론강 수로를 따라 걷기 시작했다.

가론강은 스페인령 아란 계곡에서 시작되어 툴루즈, 아젠, 보르도를 지나, 지롱드 하구를 거쳐 대서양으로 흐르는 프랑스의 4대 강에 속한다. 가론강의 길이는 647km에 이른다.

프랑스의 자랑이며 유네스코 문화유산인 미디 운하가 지중해 연안의 에 탕 드 소Étang de Thau에서 시작하여 툴루즈에 이르는데, 툴루즈 이후 미디 운하는 이 가론강을 따라 대서양으로 향한다.

물이 있는 도시는 비록 처음 방문하는 곳이라 해도 편안한 느낌이 있다. 물이란 자연과 도시, 마을이 만들어놓은 형태에 따라 가장 자연스럽게 변화하

가론Garronne강을 따라 걷는 수로길

는 물질이기 때문인지도 모르겠다. 그 자연스러움을 내내 옆에 두고 걷는 길은 편할 수밖에 없었다. 길 또한 평탄했다. 요트 여행을 즐기는 여행객을 구경하는 즐거움도 있었다. 여행객들은 요트 위에서 식사와 함께 와인을 마시면서 우리를 응원해주었다. 나는 다른 때보다 더 천천히 걸었다.

수로 변 길이 끝나고 갈림길에서 나와 일행들은 의도치 않게 헤어졌다. 앞에서 걸어가던 원과 라라는 수로를 따라 계속 걸었다. 나는 이정표를 보고 더 이상 수로를 따라 걷는 길이 아님을 알았다. 과장된 손짓과 목청을 높여 그들을 불렀다. 라라가 뒤를 돌아보았다. 알아듣지 못했는지 가던 길을 계속 갔

수로를 따라 여행하는 여행객의 보트

다. 그들을 따라가 데리고 올 수 있는 거리가 아니었다. 하는 수 없었다. 종종 그랬듯이 몇 시간 더 걸려 둘러 오거나 다른 길을 찾을 것이었다. 이 길에서는 목적지만 분명하다면 빠르고 늦고의 차이일 뿐 오게 되어 있었다. 나는 이정 표에 표기된 대로 차도로 나갔다. 쉬면서 그들이 돌아오기를 기다릴 생각에 도로 바로 옆 카페에 들어갔다. 유럽 순례나 여행 중에 갔던 모든 카페가 그렇 듯이, 이방인이 차나 음료를 마시기에 불편한 곳은 없었다. 이곳도 당연히 그 럴 것이라 생각했다. 그런데 카페에 들어서서 콜라를 주문하고 나니 낮술에 취한 현지인 남자 손님이 눈에 들어왔다. 그의 친구도 함께였다. 여주인은 냉 장고에서 캔 콜라와 얼음이 든 유리컵을 내놓았다.

카페에서는 간단한 음식과 술, 또 차를 함께 파는 곳이 많다. 누구라도 음 식과 와인이나 맥주를 마실 수 있다. 나도 가끔은 바에서 시원한 맥주를 마셨 지만 술 취한 사람을 본 적은 없었다. 그가 꽤 신경이 쓰였다. 여차하면 나갈 생각으로 출입구 옆에 서서 콜라를 마셨다. 차도 옆이라는 점이 꽤히 안심이 되었다. 주인과 손님들은 예상치 않게 방문한 동양인 여성에게 호기심이 많아 보였다. 특히나 술에 취한 사람이 이것저것 물었다. 이럴 때 취해야 할 행동은, 당당하게 그러나 호의적인 태도로 상대를 바로 주시하는 것이다. 나쁜 저의가 있는 것 같지는 않았다. 동서고금 술 취한 사람은 목소리가 크다. 그가 목소리를 높이며 말을 거는 것 때문에, 그의 친구와 여주인도 내게 신경을 쓰는 것 같았지만 호기심만은 같아 보였다. 그의 질문은 이런 것들이었다.

'어디서 왔나? 어디서 출발했나? 어디로 가나?'

영어로 물었다. 내가 교과서식 프랑스어로 대답했다. 학원에서 두 달 배운 실력이 처음으로 돈값을 하는 순간이었다. 그들이 크게 반색했다. 조금 더 목청을 높여 물었다. 아마도 대화가 통한다고 생각한 것 같았다.

"당신의 나라 화폐단위는 뭐니?"

자기네 말로 물었다. 내가 당연히 알아듣지 못하니 그가 영어로 열심히 설명을 했다. 내가 대답했다.

"원won. 그런데 너는 왜 그게 궁금하니?"

그러자 그들끼리 그들의 말로 떠들더니, 술 취한 그가 과거에 어떤 일을 했었던 사람인지 설명하기 시작했다. 다른 말은 모르겠고 조폐 관련 일을 했다는 정도로 이해했다. 나는 거의 알아듣지 못했지만 충분히 알아들었다고 말하고는 밖으로 나가 일행들이 오는지 확인하는 척했다. 일행들은 오지 않았다. 콜라도 다 마시지 않았고 쉬지도 못했지만 기다릴 여건이 아니었다. 여주인에게 부탁했다. 그 부탁이라는 것이 진짜 부탁이기보다 나는 혼자가 아니라는 암시적 전달 목적이 더 컸다.

"만약에 동양인 둘이 오면 내가 기다리다 갔다고 해주세요."

여성 둘이라는 말도 뺐다. 그런 다음 짐을 추스르는데 술에 취한 그가 다가오더니 순식간에 내 머리를 쓰다듬었다. 순간 '얼음'이 되었다. 그러자 그가 한 번 더 내 머리를 쓰다듬었다. 그의 저의가 무엇이든 간에 무례하고 황당하기 짝이 없는 행동이었다. 그럼에도 나는 화가 나기보다 겁이 났다. 내 뒤를 따라와 해코지하면 어떡하지 하는 생각이 먼저 들어서 당당히 불쾌감을 말하지 못했다. 고작 놀란 얼굴로

"너 왜 날 터치하니?"였다. 바보가 따로 없었다. 어린 나이가 아닌데도 갑작스러운 상황에서 발생된 두려움이 사고까지 마비시켰다. 놀란 마음을 들키지 않기 위해 더 천천히 짐을 꾸려서 카페를 나왔다. 그들은 문까지 나와서 배웅을 했다. 난 그 배웅이 배웅이라 생각되지 않았다. 내가 어디로 가는지 확인하는 것만 같았다. 뒤를 돌아보고 싶은 마음을 누르고 한참을 걸었다. 그들이 보이지 않는 것을 확인한 다음에 서둘러 걸었다.

오빌라 마을 모습

가론강을 볼 수 있는 전망 좋은 놀이터

허물어지고 있는 오빌라의 성당

마을은 곡물 시장을 중심으로 성당과 약국, 레스토랑, 몇 개의 상점과 집
들로 형성되었다. 가론강 언덕에 위치해 있어서 전망이 뛰어날 뿐만 아니라
마을 공터에서 내려다보는 전망이 아름다웠다. 이곳은 1994년 프랑스의 가
장 아름다운 마을로 선정된 바 있다.

오빌라는 12세기 아르마냑 백작의 영토이자 수도였다. 16세기에는 나바
라 왕국의 일부였다. 수없이 많은 침략 그중에서도 노르만족에 의한 침략은
17세기까지 계속되었다. 이후 19세기까지 도자기와 캘리그래피 용도의 거위
깃털로 만들어진 펜으로 융성했다.

여전히 장이 서는 오래전 곡물 시장

우리가 머문 지트의 주방

저녁 식사를 차릴 식탁의 모습

아직도 불을 지피는 벽난로

주인 내외가 순례자들에게 초콜릿을 주며
배웅하는 모습

오빌라Auvilla Gite−d'etape prive Chez le Saint−Jacques−는 노부부가 운영하는 지트다. 집은 노부부의 나이보다 오래되어 보였다. 곳곳이 노인 같은 신음 소리를 냈다.

그들의 집과 손때 묻은 소품들은 세월과 함께 나이 들었으나, 실생활에서 사용하는 물건들은 늘 새롭게 관리되고 있었다. 할아버지가 직접 독일에 가서 샀다고 자랑했던 침구가 그 한 예이다.

황금빛 조명으로 빛나는 오빌라 성당 입구

달빛과 가로등의 불빛으로 인해 신비함이 가득한 공원

저녁은 주인이 소개해준 이탈리아 피자집에서 먹었다. 음식 주문은 1인 1주문이 기본이다. 피자 4판을 시켰다. 피자 한 판은 둘이 먹으면 알맞을 크기였다. 그래도 길에 오르고 처음 먹는 피자다 보니 남길 것이 없었다. 가격은 1판에 만 원 정도였다. 피자를 먹고 나오는데 크레이터까지 훤히 보이는 엄청 크고 둥근 달이 떠 있었다. 눈높이에 큰 달이 떠 있으니 무척이나 낯설고 아름다웠다. 신비로운 달의 기운은 밤 산책에 나서게 했다. 동네의 모습은 낮의 분위기와는 많이 달랐다. 성당과 성당 입구는 황금빛 조명으로 마치 천국으로 향하는 문 같았고, 마을 옆 공터는 달빛과 조명에 의한 붉은빛 때문에 새로웠다. 마을은 주민들에 의해 가꾸어졌을 것이다. 마을을 사랑하는 주민들의 손을 거친 마을은 아름다웠다.

옥수수밭 너머 원자력 발전소 냉각탑

10월 중순 케스테 아루니로 가는 길은 사색의 길이었다. 가을 들녘, 그 너머 원자력 발전소의 냉각탑, 수확을 앞둔 옥수수밭, 수확이 끝난 포도밭, 허물어진 성당과 오래된 성, 노인들만 사는 작은 마을, 200년 된 집을 아름답게 가꾸고 있는 사람. 그것들은 모두 여행객을 가르치는 스승이었다. 걷는 것은 자연과 주변 환경이 가르치는 것에 대해 수용하는 겸손한 자세다. 중년의 내가 가족의 일원으로, 신앙인으로서의, 사회 속에서의, 국민으로서의 남은 삶을 생각하게 했다. 이제라도 가정에만 국한된 삶을 벗어나 공동체의 일원으로 깨어 있는 삶이고 싶다.

가축에게 먹일 풀을 거두어들이고 난 빈들이 아름답다.

오래된 성

좋은 집의 의미를 생각하게 하는 집

유일한 카페 앞, 200년 된 집

숙소 도착 전 마지막 즈음에 길을 잃고 4km 정도를 더 걸었다. 지트가 있는 곳은 마을이랄 것도 없었다. 주인은 우리를 기다렸는지 알 수 없지만 현관 앞 작은 골목에 서 있었다. 단아한 부인이었다. 저녁 식사 중에 알게 되었다. 그녀는 스페인 사람으로 남편과 사별하고 혼자 프랑스에 남아 지트를 운영하고 있었다. 정숙한 부인의 얼굴에는 쓸쓸한 기운이 가득했다.

마을 안에는 식품점이 없었다. DP (침대, 아침, 저녁 포함)로 예약했었다. 우리가 2층에서 씻는 동안 그녀는 아래층에서 저녁을 준비했다. 식사 준비가 다 되었다는 신호로 작은 종을 쳤다. 그녀는 우리와 함께 저녁을 먹었다. 주인이나 봉사자가 순례자들과 한 식탁에 앉아서 밥을 먹는 것은 처음이었다. 그녀는 식사 중에 우리 시중을 들기 위해 앉았다 일어섰다를 반복하느라 식사다운 식사를 하지 못했다. 순례자들의 엄마와 같았다.

다음 날 아침이었다. 아침 식사가 끝나고 툴루즈로 가는 교통편을 여주인에게 의논했다. 툴루즈는 어젯밤 갑자기 바뀐 일정이었다. 로카마두르 이후로

미망인의 부엌

케스테 아루니 성당 내 아름다운 소 예배소

우리들의 경로는 일정 변경을 위한 베이스캠프가 되는 셈이었다. 전날 일정이 바뀌기도 하고 더 머무르고 싶으면 머물렀다.

그녀는 노트북을 들고 왔다. 소파에 앉아 인터넷을 열어 교통편을 확인했다. 열차 시간표를 프린터하고 여기저기 서랍을 열어 정보라 할 만한 것들을 손에 쥐어주었다. 역까지 가는 택시 예약을 한 것도 그녀였다. 예약한 택시가 올 동안 다 함께 아침 산책을 갔다. 그녀의 늙은 반려견도 함께였다. 그녀는 집 바로 앞에 있는 작고 아름다운 성당으로 우리를 안내했다. 그녀는 먼저 성당의 불을 켠 다음 초를 봉헌했다. 짐작건대 그녀의 하루는 항상 이렇게 시작될 것 같았다. 그녀의 모습과 성당의 분위기가 닮았다.

이곳은 툴루즈로 가기 적당한 곳은 아니었다. 툴루즈행은 어제 저녁 이곳에서 변경된 계획이었기 때문에 이곳에서 갔을 뿐이다. 르퓌길에서 툴루즈로 가기 좋은 곳은 무아사크이다. 거리상의 차이보다 교통의 편리함이 그곳이 훨씬 좋다.

무아사크의 기차역은 마을 중심에서 가깝다. TER을 타면 툴루즈까지 약 50분이면 도착한다. 반면에 이곳에서 툴루즈로 가려면 두 배 이상의 시간과 비용이 필요하다. 이곳에서는 기차를 타기 위해서 가까운 역인 아쟁Agen으로 가야 한다. 아쟁까지 가는 버스 편이 마땅하지 않았다. 택시비로 100유로를 지불했다. 예약한 택시가 도착할 동안 그녀는 우리와 함께 있었다. 택시 트렁크에 배낭을 싣고 작별을 나누는 중 그녀가 눈물을 흘렸다. 하룻밤만 자고 나면 낯선 길로 떠나는 순례자이기에, 남아 있는 사람에 대한 마음을 헤아린 적이 없었다. 어쩌면 오랫동안 이 일을 해온 사람들이라 당연히 내성이 생겼을 것이라고 생각했다. 왜 이별에 내성이 있다고 생각했을까. 그녀는 마치 사랑하는 가족을 보내듯 우리를 배웅했다.

순례자들의 어머니 같았던 지트 주인과
그녀의 늙은 애완견

도시의 기호들
(이탈로 칼비노)

26~32일 차

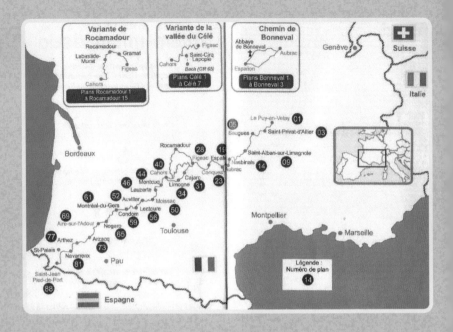

도시의 과거는 마치 손에 그어진 손금들처럼 거리 모퉁이에, 창살에, 계단 난간에, 피뢰침 안테나에, 깃대에 쓰여 있으며 그 자체로 긁히고 잘리고 조각나고 소용돌이치는 모든 단편들에 담겨 있습니다.

26일 차

Castet-Arrouy-툴루즈Toulouse
10월 17일

툴루즈로 가기 위해서 일부러 테제베TGV를 탈 필요는 없다. 케스테 아루니에서 TER 기차를 타면 1시간 40분, 테제베를 타면 1시간 10분이 걸린다. 테제베는 좌석이 예약제다. 그 좌석이 특별한 안락함을 주는 것은 아니다. 좌석의 안락함은 TER이 낫다. 테제베는 장거리 여행에 적당하고 마을 간 이동은 TER이 낫다. 기차표를 발권할 때는 최종 목적지를 말하면 된다. 환승이 필요한 구간이라면 환승 차표와 열

툴루즈 생 테티엔 대성당

툴루즈 생 세르냉 대성당

생 세르냉 대성당 제단 위 예수 성화

툴루즈 생 테티엔 성당

차표를 한꺼번에 발권해준다. 우리나라와 다른 점이다.

순례자들 대부분은 대도시나 관광지에서 감흥을 받기 어렵다고 한다. 나역시도 그렇다. 그러나 툴루즈는 일반적인 관광도시가 아니다. 앞에서 밝힌것처럼 산티아고 데 콤포스텔라로 가는 4개의 프랑스 순례길 중, 아를 길의 중심에 툴루즈가 있다. 중세 시대 이탈리아에서 오는 순례자들이 이 길을 통해산티아고 데 콤포스텔라로 향했다.

노트르담 드 라 도라드 대성당Église Notre-Dame de la Daurade, 생

생 테티엔 대성당 제단의 성모마리아

세르냉 대성당Basilica of St. Sernin, 생 테티엔 대성당Cathédrale Saint-
Étienne de Toulouse 등이 툴루즈의 대표적인 종교 건축물들이다. 프랑스 영
토 안 순례길에 있는 크고 작은 종교 건축물들은 어떤 면에서든 서로 연결되
어 있다. 그 이유는 에메릭 피코 신부가 만든 지침에 따라 설계되었기 때문이
다. 또 하나는 산티아고 데 콤코스텔라로 가는 순례와 직접적인 연관성으로
인한 것이다. 콩크의 생트 푸아, 생 세르냉 대성당, 산티아고 데 콤포스텔라 대
성당들은 모두 넓은 앰뷸러토리ambulatory, 트랜셉트transept와 애프스apse
를 두어 순례자들이 편리하게 예배 볼 수 있도록 설계되었다. 중세 시대 순례
자는 어떤 면으로나 상당한 고통을 감수해야 했는데 그 고통을 덜어주기 위한
의료적 처치와 돌봄도 이런 환경에서 이루어졌다. <유네스코와 유산 참조>

툴루즈 노트르담 드 라 도라드 성당

앰뷸러토리(측랑 側廊, aisle)는 교회의 중앙 부분 이외 복도식으로 된 양쪽 측면을 말한다. 아케이드나 열주에 의해 구분되며 통행에 편리한 구조다. 트랜셉트(익랑 翼廊)는 교회 건축물의 구조가 십자형인 경우 팔에 해당한다. 작은 예배소이다. 애프스(후진 後陣)는 제단 뒤 반원 또는 반원형에 가까운 다각형 모양의 내부 공간을 말한다. 순례길의 프랑스 성당들이 앰뷸러토리, 트랜셉트, 애프스 등을 넓게 지은 것은 순례자들의 고통을 함께하고 믿음으로 나아가고자 하는 그들을 긍휼히 여겼기 때문이리라.

툴루즈의 생 세르냉 성당의 건축 시기는 1120년대이며 스페인 산티아고 데 콤포스텔라로 이르는 곳 중에 가장 큰 성당이다. 성당은 툴루즈 지방에서 생산하는 벽돌로 건축되었다. 이 벽돌은 툴루즈에 있는 대부분의 건축물에 사용되었다. 툴루즈를 장밋빛 도시라 부르는 이유가 복숭아 빛을 띠는 벽돌과 지붕의 색깔 때문이다.

노트르담 드 라 도라드 대성당의 측랑

노트르담 드 라 도라드 대성당의 익랑

Toulouse – 콩동Condom

10월 18일

툴루즈에서 여행자로서의 만 하루를 보냈다. 다시 순례자의 일상으로 돌아가기 위해 콩동으로 향했다. 콩동으로 가기 위해서는 두 번의 환승이 필요했다. 기차역에서 기차표와 환승할 버스표까지 2장을 한꺼번에 받았다. 기차를 타고 오는 도중 라라가 또 고맙다는 말을 했다. 툴루즈에서 그녀가 원하는 성당과 성지를 함께 방문했기 때문이었다. 그러나 이제 고맙다는 말은 내가 해야 했다. 그녀 덕분에 더 많은 것을 보고 경험했으니까.

콩동까지는 약 4시간이 걸렸다. 버스 정류장 근처 숙소에 도착하니 밤 9시가 되었다. 이 숙소는 툴루즈에 있는 호텔 프런트 직원에게 예약을 부탁했던 곳이었다. 숙소에 도착하니 베호가 그곳에 있었다. 자신의 계획대로 꾸준히 길을 걷는 그녀와 성지 혹은 대도시를 여행하고 다시 돌아오는 나는 약속이나 한 듯이 만났다.

그녀는 코감기에 걸려 있었다. 약을 준비하지 못했다는 그녀에게 나는 갖고 있던 종합감기약을 주면서 말했다.

"베호, 오늘 저녁 와인을 마시지 않았으면 이 약을 먹고, 아니면 내일 먹어야돼! 내 말이해했지?"

혹시나 잘 못 알아들었을까 재차 말했다. 다짐하는 내 말과 행동에 불쾌하기보다 나를 껴안고 고맙다는 말만 했다. 그날 밤 숙소 주인들은 우리에게 서비스로 와인을 제공했고 베호가 치즈를 내놓아, 늦은 밤이었지만 함께 짧은 이야기라도 나눌 수 있었다.

다음 날 아침, 베호는 나를 보자마자 내가 자기의 의사라고 했다. 그러면서 자신의 새 친구들에게 내가 그동안 어떤 도움을 줬는지에 대해 너스레를

우리를 배웅하는 지트의 주인들

떨었다. 숙소는 순례자들에게 매우 편리한 잠자리를 제공했다. 지트의 주인은 우리에게 숙소 응접실 벽에다 한국어로 사인을 남기기를 원했다. 사인을 하고 주인의 배웅을 받으며 지트를 떠났다.

여러 순례자들과 함께

생장에 가까워질수록 길은 완만해졌다. 걷는 거리도 늘어났다. 단순히 길이 나아졌기 때문만은 아니었다. 10월 중순이 넘어서면서 숙박할 수 있는 곳이 줄어든 이유도 있었다.

오랜만에 길 위에는 우리 이외에 다른 순례자들과 함께였다. 어제 숙소에서 함께 머물렀던 친구들이다. 드넓은 프랑스 시골길에서는 사람이 귀했다. 순례자는 더욱 귀한 시기였다. 오랜만에 여러 사람들과 걷는 기분 좋은 평화로운 날이었다.

Lamothe-노가로Nogaro

10월 20일

농부의 낙엽 태우는 냄새와 바싹 마른 옥수숫대 소리가 가을의 깊이를 알렸다. 날씨는 점점 싸늘해졌다. 나는 이정표가 가리키는 대로 혼자 열심히 걸었다. 문득 걷는 힘이 주는 강함에 대해 두려움을 느꼈다. 몸은 통증을 느끼지 못할 만큼 굳은살로 단단해져갔다. 몸과 정신의 경계는 허물어진 지 오래였다. 순례를 좋아하는 이유 중의 하나가 이것이었다. 몸이 쉬면 마음도 쉬고 몸이 움직이면 마음도 움직였다. 그 움직임이라는 것도 단순하기 이를 데 없는 것들이었다. 자고 먹고 걷는 것 이외의 것은 없었다. 이건 취하는 것이었다. 취한다는 것은 의식적인 모습을 벗고 무의식의 나를 드러내는 것이었다. 장거리 순례가 주는 힘은 경험하지 않고는 진정 이해하기 어렵다.

30, 31일 차

Nogaro – 루르드Lourdes

10월 21, 22일

역방향에서 바라본 루르드 마을 풍경

루르드 로사리오 대성당

　루르드를 원했던 이유 중의 하나가 루르드의 샘물 때문이었다. 내가 갖고 올 수 있는 양은 적을지라도 믿는 만큼 이루어질 것이라는 믿음이었다.

　루르드는 그리스도 역사상 위대한 성지 중 하나다. 가난하고 병약한 방앗간집 소녀 베르나데트에게 성모마리아가 발현한 곳이다. 행정구역상 프랑스 남서부에 있는 옥시타니 Occitanie (레지옹 변경 전에는 미디피레네다) 레지옹이며 루르드는 그중 프랑스의 가장 하위 행정구역인 코뮌에 해당하는 작은 마을이다.

　우리는 라라의 수고로 한국인 방문자들을 위해 봉사하는 수녀의 안내를 받았다. 그녀의 모습은 루르드의 방문을 더욱 뜻깊게 했다. 나는 안내를 받으면서 한 장의 사진도 남기지 않았다. 이곳은 사진으로 남기기보다 마음에 담기를 원했다.

물이 풍부한 루르드는 마을 안으로 가브Gave강이 흐른다. 1858년 2월 11부터 7월 16일까지 18번에 걸쳐 소녀 베르나데트에게 발현이 되었던 마사비엘 바위 아래도 샘물이 흐른다. 9번째 발현 때에 성모마리아는 말했다.

"샘에 가서 그 물을 마시고 몸을 씻어라."

루르드의 기적을 찾아서 매년 수백만 명의 사람들이 루르드를 찾는다. 기적의 치유 사례는 수천 건에 이르고 있으나 현재 교회가 인정한 수는 약 70여 건이라고 밝히고 있다. 나와 일행들은 '침수'를 원했다. 루르드에서 침수는,

침수를 기다리는 사람

봉사자들의 도움으로 마사비엘 샘물에 몸을 담그는 것을 말한다. 침수는 계절에 따라 조금씩 다른 시간에 시작된다.

내가 갔을 때는 8시부터 시작되어 점심시간이 되기 전에 끝났다. 침수 시작이 8시라는 것이지 사람들이 줄을 서는 시간은 새벽부터다. 첫날은 시작 시간에 가서 몇 시간을 떨며 기다렸지만 침수를 할 수 없었다. 다음 날은 새벽 5시에 일어나서 동굴 미사에 참석하고 침수를 위한 줄을 섰다. 추운 날 긴 시간 줄을 서다 보니 불편한 점이 한두 가지가 아니었다. 의자도 없었다. 제대로 줄을 서는 것도 아니었다. 따뜻한 물과 음식을 사 먹을 수도 없었다. 난방 기구가 없었다. 그러다 보니 불편을 호소하는 말들을 했다. 그 말을 봉사자가 들었던

대형 봉헌 초

것 같았다.

"이곳을 사회처럼 생각하면 안 됩니다. 사회의 질서를 여기에서 적용하면 안 됩니다."

우리는 모르는 사이에 작은 불편에도 힘들어하고 요구에 익숙해져 있었다. 신앙인으로서의 감사와 순명, 나눔의 생활보다 내 식대로 이루어지기를 바라왔다. 그러다 보니 가진 것을 유지하거나 좀 더 채워졌으면 하는 욕심을 기도라고 착각하게 되었다.

나는 찬바람을 맞으면 뼈가 아픈 증상이 심해진다. 찬 기운이 뼈까지 전해지니 뼈가 아파서 견디기 어려웠다. 몇 번이나 포기할까 하는 마음도 들었지만 4시간을 기다린 끝에 침수를 했다. 기대를 건 침수는 익숙하지 않은 행위 때문에 허둥대느라 특별함을 느끼지 못했다. 하지만 나는 다른 감동을 받았다. 바로 봉사자들의 모습 때문이었다. 어제 루르드를 안내했던 수도자와 옆에서 침수를 돕는 봉사자들, 새벽부터 나와서 이 많은 사람들을 돕는 그들의 모습에서, 사랑을 위해 당신의 목숨까지 내놓으신 그분의 가르침이 떠올랐다.

침수가 끝나자 참을 수 없을 정도의 허기와 추위가 찾아왔다. 내 일행들은 어디로 갔는지 찾아도 보이지 않았다. 나는 혼자 음식점을 찾아 들어갔다. 가게 밖 음식 사진을 보고 스테이크를 주문했다. 대부분의 순례자 음식처럼 투박하게 내놓은 접시에, 푸짐한 야채와 감자와 곁들여진 스테이크가 얼마나 맛있든지 정신없이 먹었다. 뜨거운 쇼콜라도 마셨다. 그제야 속이 든든해지면서 온몸이 따뜻해졌다. 속이 비어 있어서 추위를 더 많이 느꼈던 것 같았다. 그날 저녁 일행들과 함께 같은 집에서 다시 한번 더 먹었다.

야간 촛불 행렬을 앞두고

마사비엘 동굴 미사

　　프랑스의 작은 시골 마을을 동서로 가로질러 걷다 보면 곳곳에 아름다운 곳이 많은 것은 말할 것도 없고, 그 지역의 특산품이며 기념품들에 마음이 뺏길 때도 있다. 하지만 순례자는 그 어떤 것도 배낭 속을 채우지 않는다. 여행자의 가방은 여행의 추억만큼 물건들이 쌓이는 반면 순례자의 배낭은 시간이 지

날수록 가벼워진다. 그런데 이상한 일은 종이 한 장의 무게에도 반응하던 몸
이었건만 샘물을 짊어진 몸은 이전보다 가벼웠다. 치유의 기적을 바라며 집으
로 가져온 네 병의 샘물은 원래의 주인은 한 사람도 음용하지 못했다. 그것마
저도 그런 뜻이 있겠거니 생각한다. 나의 순례는 마지막을 향하고 있었다.

성 비오 10세 대성당/루르드 성모 발현 100주년 기념 성당

Lourdes-에르 쉬르 라두Aire-sur-l'Adour

10월 23일

  루르드에서 기차와 버스를 타고 돌아온 곳은 에르 쉬르 라두였다. 문을 연 숙소가 제한적이라 선택의 여지가 없었다. 숙소의 방은 비좁아 침대 사이의 공간이 없었다. 네 사람이 함께 자기에는 너무 협소했다. 다행히 주방에 소파 겸용 침대가 하나 있었다. 나는 소파 겸용 침대가 주는 불편함을 감수하면서 조용한 잠자리를 선택했다. 내 선택으로 다른 세 사람이 편할 수 있었으니 일석이조가 된 셈이었다.

  숙소 주인은 현명한 사람이었다. 출발 시간과 원하는 아침 식사 시간을 묻는 등 숙소의 불편함을 대신하듯 세심하게 마음을 써주었다.

평화가
당신에게도

33~40일 차

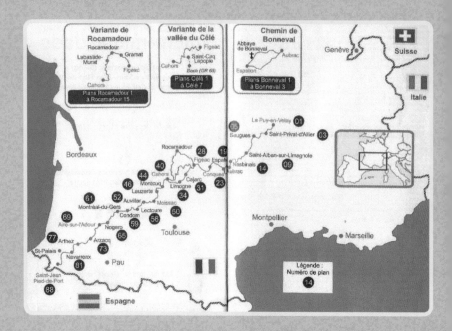

두려워하지 마라. 내가 너를 도와주리라.

루르드는 원래의 순례 경로는 아니었다. 로카마두르와 툴루즈처럼 가톨릭 성지여서 방문했다. 나와 라라가 원했다. 원과 노는 기꺼이 동행했다. 어쨌든 외도를 하고 왔는데도 약속이나 한 듯이 마스락 마을 성당 앞에서 베호와 친구들을 신기하게도 또 만났다. 우리는 오늘 목적지인 나바랭스에서 한잔을 약속했다. 이 약속은 벌써 두 번째였다.

나바랭스 숙소는 마을 중심에서 좀 떨어진 곳이었다. 이 숙소는 프랑스 지트를 통틀어서 세 손가락 안에 들 만큼 마음에 드는 곳이었다. 친절한 주인은 말할 것도 없고 침실과 샤워실이 특히 그랬다. 베호와 친구들은 이 숙소에 오지 않았다. 자연히 두 번째 약속도 무산되었다. 하루의 일정이 끝나고 그들을 찾아가기에는 고단한 순례자였다.

순례자 쉼터

나바랭스 마을

지트 침실

걷기 좋은 길

잘 가꾸어진 집

익숙해졌다는 자만일까? 어떤 상황에서도 대처가 가능하다는 스스로의 민음 때문일까? 고달파서일까? 먹을 것도 없이 약간의 물만 챙겨서 길을 나섰다. 임시로 마련해놓은 쉼터에서 잠시 쉬었고 베호와 친구들을 다시 만났다 헤어졌다.

비가 계속 왔다. 마땅히 쉴 만한 곳이 없어서 10km를 쉬지 않고 걸었다. 출발 후 처음 만난 작은 마을 광장에 배낭을 내리고 물부터 찾았다. 물이 보이지 않았다. 가게도 없었다. 어디로 가서 물을 먹을까 고민하고 있는데 먼저 와서 배낭을 정리하고 있던 순례자가 물을 찾느냐고 물었다. 그렇다고 대답하니 나와 라라를 데리고 성당 뒤 수돗가로 안내했다. 물을 보자 살았다는 생각이

아쉴러의 브레이크 댄스

먼저 들었다. 물병에 물을 받을 여유가 없었다. 머리를 들이밀고 벌컥벌컥 한참을 마셨다. 쉬운 길이라고 만만히 보고 나섰다가 처한 일이었다.

우리에게 물 있는 곳을 가르쳐준 순례자는 벨기에 청년이었다. 한국에서 왔다고 했더니 몹시도 좋아하며 Hong10을 아느냐고 물었다. 자신은 초등학교 교사이며 이름은 아쉴러, 우리나라 댄서인 Hong10의 열성 팬이라고 소개했다. 모른다고 했더니 유튜브를 찾아서 보여주었다. 장난기가 올라온 우리는 그에게 댄서 실력을 판단해주겠다며 보여달라고 했다. 그러자 그가 비가 오는데도 불구하고 시멘트 바닥에서 자신의 브레이크 댄스를 선보였다. 때 묻지 않은 청년이란 생각이 들었다.

외국인인 우리는 프랑스인들이나 프랑스어가 가능한 순례자들에 비해 모든 것에 어려움이 클 수밖에 없었다. 마을 중심에는 지자체 숙소인 무니시팔이 있었지만 우리가 예약한 숙소는 마을에서 2km 떨어진 언덕 꼭대기였다. 전망은 멋진 곳이었다. 다만 아침에 먹은 우유 한 잔과 샌드위치 한 조각으로 하루 종일 걸어온 길인 만큼 먹을 것이 절실했다.

가파른 오르막이라 고개를 숙이고 터벅터벅 걷자니 호두가 발밑에 수두 룩하게 떨어져 있었다. 올려다보니 단 하나의 나무에서 떨어진 호두였다. 참 많이도 열렸다. 호두를 주웠다. 양 옆 주머니를 가득 채우고 다시 걷기 시작했 다. 호두 하나 밟아서 까먹으면서 걷고 또 호두 하나 밟아서 까먹으면서 걸었 다. 호두는 유분이 많아서 물 없이도 잘도 넘어갔다. 호두를 깨는 요령도 수준 급이었다. 소똥, 말똥, 고양이똥 온갖 똥을 밟은 내 신발은 훌륭한 도구였다. 힘 의 분배를 어떻게 해야 호두 속을 더럽히지 않고 잘 밟아서 깰 수 있는지 경험 이 축적된 상태였다. 물론 그 경험은 집중력이 필요했다. 하지만 지금 내게 호 두를 잘 깔 집중력은 남아 있지 않았다. 발밑에 밟힌 호두는 가루처럼 부서지 기 예사였다. 신발 똥이 묻은 호두 속일지라도 헤집어가며 날름날름 먹었다.

쉴 수 있다는 희망을 안고 도착한 지트에는 주인이 없었다. 현관문에 오 후 6시에 돌아온다는 메시지만 남겨진 상태였다. 집 앞 벤치에 배낭을 놓고 호 두를 까먹다가 목마름을 참을 수 없어서 집 안으로 들어갔다. 집 안에는 아무 도 없고 어젯밤 손님이 묵은 흔적들만 있었다. 수도꼭지를 틀어서 물을 받고 밖으로 나왔다. 정원 의자에 앉아 아름다워 슬픈 경치를 보며 물과 호두로 배 를 채웠다. 어느새 남은 호두가 별로 없었다. 내 일행들이 오면 먹을 것이 없었 다. 나는 신발을 질질 끌며 올라온 길을 다시 내려갔다. 작은 주머니 2개에 호 두를 가득 주웠다. 그들이 시간 차이를 두고 올라왔다. 우리는 벤치에 앉아 여 전히 슬픈 경치를 보며 호두를 까먹었다. 지트가 마을에서 이렇게 먼 곳인지 모르고 저녁을 예약 안 한 상황을 담담히 받아들였다. 점심, 저녁을 못 먹고 잠 자리에 들어야 할지도 모를 일이었다. 더 늦기 전에 먹을 것을 구하기 위해 마

밤이 지천인 가을 순례길

을로 내려가야 했다. 다리가 아픈 노는 먹을 것을 구해오면 저녁을 만들기로 하고, 나와 라라, 원은 음식을 구하기 위해 마을로 향했다. 마을로 내려가는 발걸음이 무거웠다. 다시 돌아올 생각까지 미쳤기 때문이다.

작은 시골 마을에는 카페도 상점도 없었다. 영업을 하다 폐업한 피자집이 하나 있을 뿐이었다. 그 피자집은 성수기에만 장사를 하는 것 같았다. 피자가게 안에 눈을 박고 아무리 들여다본들 피자가 있을 리 만무했다. 동네 주민 한 사람이 오더니 4km만 걸어가면 카페테리아가 있다고 했다. 그건 근처에 아무것도 없다는 말보다 가혹했다. 차를 태워주면 모를까. 그렇다고 차를 태워달라고 할 수도 택시를 부를 수도 없었다. 모든 걸 포기하고 터덜터덜 돌아가는 중이었다. 무니시팔(지자체 공립 숙소)에서 밖으로 나오는 알제리(이름은 기억나지 않고 고향인 알제리만 기억나서 알제리로 부르기로 함)를 만났다. 나는 인사라고 한다는 것이 배고프다는 말을 해버렸다. 그러고는 덧붙였다. 여긴 가게도 없다고. 알제리는 얼른 자기를 따라 안으로 들어오라고 했다. 다행히 그곳에는 숙소 손님들에게 파는 음식들이 있었다. 아, 우리들의 친구들은 끝까지 도움 천사였다. 잃어버린 라라의 핸드폰을 찾아주었고, 잃어버린 줄도 몰랐던 원의 모자를 찾아주었고, 너무 무리해서 몸에 이상이 온 원을 자신들의 침대에 쉬게 하는 등, 그들이 있어서 이 길이 얼마나 든든했는지 모른다. 사냥에 성공해서 집으로 돌아올 때 이런 마음이었을까. 개선장군처럼 먹을 것을 들고 숙소로 돌아왔다. 그런데… 알고 봤더니… 우리 숙소에도 먹을 것을 팔았다.

35일 차

수영장이 있는 농가 주택

루르드에서 추위에 노출된 무릎이 계속 말썽을 부렸다. 소염제를 복용해도 좋아지지 않았다. 통증이 심해지다가 결국은 한 걸음도 걸을 수 없었다. 이 길의 최종 목적지인 생장까지는 이틀밖에 남지 않았다. 나는 이틀이라는, 또 마지막이라는 것에 의미를 두지 않았다. 이 길에서 받을 것들을 이미 넘치게 받았다. 남은 이틀은 버스를 타고 생장에 도착할 마음을 먹었다.

원과 라라를 먼저 보내고 노와 함께 쉬고 있었다. 마지막 무렵 완쾌되지 않은 다리로 계속 걸었던 노는 나와 함께 차량 이동을 원했다. 나는 어떻게 이동을 할까 생각하며 길가에 앉아 있었다. 지나가던 베호가 나를 발견하고 다가왔다. 알제리와 아쉴러도 함께였다. 그녀가 내 이야기를 듣더니 발 벗고 나섰다. 나더러 앉아서 쉬고 있어라 말하고는 지나가는 차를 물색하기 시작했다. 히치하이킹을 시도하려는 것 같았다. 그녀의 의욕에도 불구하고 첫 차는 방향이 다른 차였다. 두 번째 차가 오고 있었다. 그녀는 처음보다 더 적극적이었다. 아예 한쪽 팔을 열린 창문 안으로 깊숙이 걸치고, 운전자석으로 고개를 들이밀듯이 하고 운전자와 이야기를 나누었다. 잠시 후 엄지손가락을 치켜들었다. 자동차는 가던 길을 계속 갔다. 내게로 걸어오며 그녀가 말했다.

"레아, 저 사람은 바쁜 일이 있어서 가야만 해. 그러나 일이 끝나고 나면 곧 돌아와서 너희들을 태워줄 거야. 30분 뒤에 돌아온다고 했으니 여기서 기다렸다가 타야 해, 여기서 30분만 기다리면 돼! 알겠지?"

옆에서 알제리와 아쉴러가 함께 거들며 말했다. 그녀의 말은 계속되었다.

"레아, 우리는 근처 바에서 쉴 거야. 만약 그 사이에 무슨 일이 있으면 그쪽으로 와, 오케이?"

거듭 괜찮은지 묻고 자신들의 길로 걸어갔다. 우리는 정확히 35분 기다렸

우리를 태워준 고마운 분

다가 다시 돌아온 그 차를 탔다. 자동차의 주인은 마을 사람들에게 문이 열린 숙소를 물어가며, 우리가 묵을 수 있는 지트 안까지 태워다 주었다.

오스타밧은 유럽의 여러 순례길에서 오는 순례자들이 이곳을 지나 스페인 산티아고로 향하게 되는 르퓌길의 마지막 장소다. 다른 순례길을 걸어온 많은 사람들과 함께 저녁을 먹었다. 바스크 지방 출신인 주인의 호쾌한 성품은 저녁 시간을 풍성하게 만들었다. 순례자들이 저녁을 먹는 동안 그는 큰 체격과 큰 손만큼이나 통 큰 소리로 여러 곡의 노래를 불렀다. 바스크 전통 노래였을 것이다. 많은 바스크 사람들이 그렇듯 그의 바스크 사랑은 말하지 않아도 넘쳐 보였으니까. 그와 그의 부인이 운영하는 지트는 장거리 순례길의 피로를 풀기에 좋은 곳이었다.

르퓌길 마지막 숙소

숙소 발코니

Charre 마을

동화 같은 저택

양 떼들

가축을 위한 사료용 옥수수 창고

끝까지 놓치지 말아야 할 이정표

라라의 기도 덕분이었을까, 신기하게도 무릎 상태가 밤새 좋아졌다. 버스를 타고 생장으로 가려는 계획을 취소했다.

최종 목적지를 눈앞에 둔 심정은 첫 순례의 그때처럼 담담했다. 삶도 목적지에 도달했을 때 그 뜻을 이루는 것이 아닌 것처럼, 순례도 매일 걷는 한 걸음 한 걸음이 의미고 목적이었다. 첫 순례 이후 많이 좋아졌다고는 해도, 삶이 원래 그렇듯 가끔은 파도를 이기고 또 가끔은 휩쓸리곤 했다.

한 걸음도 앞으로 나아가지 못했던 시간이 길었다. 그러면 또 어떤가. 이미 지나와버린 시간인 것을. 2013년 스페인 산티아고 가는 길을 걸으며 한 가닥 빛을 봤다면 두 번째 르퓌길에서는 평화의 길에 들어섰다. 희망의 길이다.

'사람이 당신의 길에서 희망의 빛이 될 수 있기를 바랍니다.
당신의 마음에 평화가 가득하길 바랍니다.

목적지 생장을 향해 가는 아쉴러, 베호, 알제리, 윈, 라라

어진 삶이 당신의 목표가 되길 바랍니다.
당신의 믿음이 당신의 삶을 더 강하게 할 수 있기를 바랍니다.
그리고 당신의 목표에 도달하는 순간이 올 때 당신은 영원
히 당신을 사랑할 것입니다. 행복하시고 다른 분들에게 행복
을 전해주시길 바랍니다.'

– 포르투갈 순례길
어느 작은 성당의 메시지

　최종 목적지 생장에 도착했다. 순례자 사무실에 들러 마지막 스탬프를 찍
었다. 사무실에서 예약해준 숙소로 들어가 씻고 베호, 알제리, 벨기에 청년 아
쉴러와 만나기 위해 성당 앞으로 갔다. 부부와 함께 왔던 몬다도 우리와 합류
하기 위해 왔다. 우리는 가볍게 와인을 할 수 있는 곳으로 찾아 들어갔다. 몬다

첫 순례 이후 마음 한편에 늘 그리움처럼 자리하고 있던 생장이 보인다.

생장 도착 인증, 고마운 다리와 발

가 자리에 앉자마자 내게 건넨 말이 의외였다. 아마도 무척이나 궁금했던가 보다.

"넌 날마다 그 옷만 입더라."

처음부터 이 자리까지 늘 같은 겉옷을 입은 나를 보고 한 말이었다.

"나는 재킷을 이것 하나밖에 안 가지고 왔어. 그렇지만 걱정하지 마! 자주 빨아 입어서 냄새 안 나!"

모두들 웃었다. 다음 번 순례 때는 속옷 외에는 여벌옷을 안 가지고 갈지도 모르겠다고 했더니 의견이 분분했다.

초등학교 교사 아쉴러, 자기가 사는 동네가 아름답다며 걸으러 오라는 연극배우인 베호, 은퇴 후 핸드폰과 메일마저 단절하며 걸었던 금융업 종사자였던 알제리, 교사였던 윈, 호텔을 운영했던 노, 식물에 대해 모르는 것이 없는 플로리스트인 라라, 우리는 와인과 공짜로 얻은 안주를 먹으며 결국은 이루어진 한잔의 행복을 나누었다.

두 번째 만나는 생장

성당 앞에서 친구들과

베호는 다음 날 스페인 산티아고 데 콤포스텔라까지 1,600km의 길을 걷기 위해 출발할 것이었다. 나는 로카마두르를 기억하기 위해 샀던 순례자 목걸이를 빼서 걸어주며 말했다.

"부엔 카미노 친구, 조심해!"

생장의 밤이 와인처럼 깊었다.

내일이면 나와 내 동행들은 바욘과 비아리츠를 거쳐, 40일 만에 그리운 집으로 가는 비행기에 오를 것이다.

길에서 받은 사랑을 언제나 기억하며 당신 안에서 선한 삶이 되기를 기도로 청하리라.

생장 순례자 사무소에서 도착 스탬프를 찍고 순례 마무리

순례가 끝나고 휴식하기 위해 찾은 바욘

39, 40일 차

프랑스의 휴양도시 비아리츠
10월 30일, 11월 1일

에 필 로 그

　　순례를 끝내고 집으로 돌아오고 몇 달이 지나 한평생 백합 같은 삶을 살았던 어머니가 돌아가셨다. 나는 사랑하는 가족을 먼저 떠나보낸다는 것이 어떤 고통인지 알고 있다. 그러나 어머니는 내게 어떤 괴로움도 남기지 않았다. 그것은 어머니께서 준 마지막 선물이었다. 어머니의 삶은 현재도 내 삶의 스승이다. 내가 어려움에 처했을 때 어머니가 살았던 인생의 시간 속으로 들어가 숙고하곤 한다.

　　어머니는 어린 시절 일본에서 살았던 시간을 그리워하셨다. 그러나 제 살길이 바쁜 자식들 누구도 어머니를 일본에 모시고 가지 못했다. 왜 그랬는지 모르겠다. 세월이 흘러서 어머니의 눈이 침침해지고 더 이상 여행을 할 수 없게 되었을 때는 이미 때가 늦어버렸다. 안타깝게도 그제야 남편과 자식에 가려 있던 어머니가 보이기 시작했지만 크게 달라지는 것은 없었다. 여전히 내 눈앞의 삶에 허덕였다. 고작 침상에 누워계실 때 한

번이라도 더 뵙는 것이 전부였다.

어머니는 10대 후반의 나이에 내 아버지를 일본에서 처음 만났다고 하셨다. 이후에 우리나라가 해방이 되었고, 어머니는 가족들과 함께 귀국하느라 아버지하고는 자연스럽게 헤어졌다. 몇 년이 흐른 뒤에 어머니는 아버지를 당신의 고향 언저리에서 우연히 상봉하게 되었고 결혼하게 되었다.

초등학교 저학년 때였다고 기억한다. 학교에서 돌아오니 우리 집 짐들이 전부 마당에 나와 있었다. 이사하는 날이었다. 어린 마음에도 왜 내게는 아무도 이야기를 해주지 않나 하는 생각이 들었다. 그 많은 짐들 중에서, 내가 은근히 자부심을 가졌던 침대-면 소재지에 있었던 우리 동네에서는 침대는 매우 귀한 물건이었다-가 유난히 눈에 들어왔다. 그렇게 우리 가족은 초가집으로 이사를 갔다.

내 기억 속 아버지는 훌륭한 분이었다. 아버지는 당신의 소유였던 양조장 술 배달꾼으로 들어가 끝까지 가족들의 생계를 책임졌다. 그 당시 시대적 상황에서 쉽지 않은 일이었다. 나는 사람들이 그렇게 수군거리는 소리를 듣는 것이 싫지 않았다.

　　아버지는 어머니를 당대의 유명한 배우 김지미 씨라며 아름답게 여기셨다. 당신을 늘 어머니의 머슴이라고 했다. 솜씨가 좋은 어머니는 삯바느질로 생계를 도왔다. 아버지가 갑자기 돌아가시고 나서도 어머니의 바느질은 계속되었다.

　　어머니는 사는 동안 단 한 번도 아버지를 원망하는 말씀을 하지 않았다. 그뿐만 아니라 누구의 험담을 하거나 판단하는 일도 들어본 적이 없었다. 아버지 돌아가시고 2남 3녀를 어렵게 키웠지만 당신의 공치사 한 번 하는 일 없었다. 늘 직접 만든 한복을 입고 단아한 모습으로 밤새 재봉

틀을 돌렸다. 그러면서도 해학과 여성다움을 잊지 않았다. 어머니가 재봉틀에 앉으면 막내인 나는 그 앞에 서서 그 모습을 지켜보았다. 어머니는 자주 한복이며 원피스를 만들어주었다. 만드는 중에 두세 번 입히곤 했는데 그때마다 나는 새로운 디자인을 주문했다. 종종 남은 천으로 복주머니를 만들어서 동전을 넣어주었는데 나는 어머니가 만든 복주머니보다 돈이 갖고 싶어서 일부러 복주머니를 버리고 다시 만들어달라고 했다. 그걸 모를 리가 없는 어머니는 한 번도 어디에서 왜 잃어버렸는지 묻지 않았다.

아버지가 돌아가시면서 유일한 재산으로 남긴 과수원을 팔았다. 가까운 친척이 세상 물정에 어두운 어머니에게 돈을 맡아주겠다면서 가져가서 갚지 않았다. 어머니는 자식들 밥을 굶게 둘 수 없어서 그 집으로 가끔 돈을 받으러 가곤 했다. 빈손으로 오는 일이 더 많았지만 가끔은 보리쌀도 받아오고 가끔은 다른 것들을 받아왔다. 큰돈을 빌려주고 단지 먹을 나부랭이들을 받아서 십 리 길을 이고 오면서도 한 번도 얼굴을 찡그리는 모습을 보지 못했다. 그리고 말씀하셨다. 그 집엔들 뭐가 있겠니? 한복 옷고름을 바람에 날리며 한 손은 보리쌀 보따리를 받치고 또 한 손은 들꽃을 꺾어 들고 왔다. 나는 그런 어머니가 얼마나 아름다웠는지 모른다.

지난한 가난의 세월을 보내는 동안에도 미소를 결코 잃지 않았던 기품 있는 삶을 사신 어머니. 내가 낯선 길을 용기 있게 나설 수 있는 것도 어머니께서 준 사랑이 밑바탕 되었으며, 가진 것이 없어도 자존감 높은 한 인간으로 성장할 수 있었던 것도 모두 어머니의 사랑 때문이었음을 나는 잘 알고 있다.

어머니의 사랑이 사람에 대한 신뢰를, 사랑을 줄 수 있는 사람이 되었음을 감사한다. 가족에 대해 어머니와 내 사랑이 다른 점이 있다면 어머니는 오직 사랑이었고 나는 사랑에 욕심을 냈다. 이 늦은 나이에 그것

을 깨달았으니….

어머니, 당신을 사랑하며 존경합니다. 감사했습니다. 어머니를 기쁜 마음으로 보내드리겠습니다. 안녕히 가세요!

이 책을, 사랑하는 내 가족에게 뜨거운 사랑을 담아 바칩니다.

아울러, 의욕으로만 글을 쓰는 늙은 제자의 글을 바쁘신 중에도 너그러운 마음으로 읽어주시고 도움을 주신 최원오 교수님께 머리 숙여 인사드립니다.

끝으로 이 책이 세상에 나올 수 있도록 해준 한국학술정보(이담북스) 출판사에 감사의 뜻을 전합니다.

하느님, 감사합니다.

2020년 봄에

프랑스
르퓌길
40일
도보여행

초판인쇄 2020년 8월 7일
초판발행 2020년 8월 7일

지은이 박명희
펴낸이 채종준
펴낸곳 한국학술정보(주)
주 소 경기도 파주시 회동길 230(문발동)
전 화 031-908-3181(대표)
팩 스 031-908-3189
홈페이지 http://ebook.kstudy.com
E-mail 출판사업부 publish@kstudy.com
등 록 제일산-115호(2000. 6. 19)

ISBN 979-11-6603-029-1 13980